Matthias Fank

Tools zur Geschäftsprozeßorganisation

Business Computing

Bücher und neue Medien aus der Reihe Business Computing verknüpfen aktuelles Wissen aus der Informationstechnologie mit Fragestellungen aus dem Management. Sie richten sich insbesondere an IT-Verantwortliche in Unternehmen und Organisationen sowie an Berater und IT-Dozenten.

In der Reihe sind bisher erschienen:

SAP, Arbeit, Management
von AFOS

Steigerung der Performance von Informatikprozessen
von Martin Brogli

Netzwerkpraxis mit Novell NetWare
von Norbert Heesel und Werner Reichstein

Arbeit in der modernen Kommunikationsgesellschaft
von Marie-Theres Tinnefeld et al.

Professionelles Datenbank-Design mit ACCESS
von Ernst Tiemeyer und Klemens Konopasek

Qualitätssoftware durch Kundenorientierung
von Georg Herzwurm, Sixten Schockert und Werner Mellis

Modernes Projektmanagement
von Erik Wischnewski

Business im Internet
von Frank Lampe

Projektmanagement für das Bauwesen
von Erik Wischnewski

Projektmanagement interaktiv
von Gerda M. Süß und Dieter Eschlbeck

Projektkompass SAP®
von AFOS und Andreas Blume

Elektronische Kundenintegration
von André R. Probst und Dieter Wenger

Tools zur Geschäftsprozeßorganisation
von Matthias Fank

Vieweg

Matthias Fank

Tools zur Geschäftsprozeß-organisation

Entscheidungskriterien, Fallstudienorientierung, Produktvergleiche

Alle Rechte vorbehalten
© Friedr. Vieweg & Sohn Verlagsgesellschaft mbH, Braunschweig/Wiesbaden, 1998
Softcover reprint of the hardcover 1st edition 1998

Der Verlag Vieweg ist ein Unternehmen der Bertelsmann Fachinformation GmbH.

Das Werk einschließlich aller seiner Teile ist urheberrechtlich geschützt. Jede Verwertung außerhalb der engen Grenzen des Urheberrechtsgesetzes ist ohne Zustimmung des Verlags unzulässig und strafbar. Das gilt insbesondere für Vervielfältigungen, Übersetzungen, Mikroverfilmungen und die Einspeicherung und Verarbeitung in elektronischen Systemen.

http://www.vieweg.de

Die Wiedergabe von Gebrauchsnamen, Handelsnamen, Warenbezeichnungen usw. in diesem Werk berechtigt auch ohne besondere Kennzeichnung nicht zu der Annahme, daß solche Namen im Sinne der Warenzeichen- und Markenschutz-Gesetzgebung als frei zu betrachten wären und daher von jedermann benutzt werden dürften.

Höchste inhaltliche und technische Qualität unserer Produkte ist unser Ziel. Bei der Produktion und Auslieferung unserer Bücher wollen wir die Umwelt schonen: Dieses Buch ist auf säurefreiem und chlorfrei gebleichtem Papier gedruckt. Die Einschweißfolie besteht aus Polyäthylen und damit aus organischen Grundstoffen, die weder bei der Herstellung noch bei der Verbrennung Schadstoffe freisetzen.

ISBN 978-3-322-90668-7   ISBN 978-3-322-90667-0 (eBook)
DOI 10.1007/978-3-322-90667-0

Dem vorliegenden Buch liegt ein pragmatischer Ansatz zugrunde, der auf einem Systematisierungsrahmen in Form eines Kriterienkatalogs zur Bewertung von Tools zur Geschäftsprozeßgestaltung basiert. Den Anlaß und Ausgangspunkt für die Entwicklung eines Kriterienkatalogs und dessen Anwendung bildeten verschiedene Beratungsprojekte, innerhalb derer immer wieder die Frage auftauchte, welches das geeignete Tool sei.

Das Buch richtet sich an all diejenigen, die vor der Auswahl eines Tools stehen und auf der Suche nach einer Hilfestellung sind. Aber auch diejenigen Personen, die bereits mit einem der Tools arbeiten, können durchaus Hinweise finden, wie welche Fragestellungen mit dem Tool umgesetzt werden können. Durch die primär inhaltsorientierten Kriterien eignet sich das Buch sehr gut für Personen, die sich mit dem Vergleich und der Bewertung von Tools für die Organisationsarbeit beschäftigen.

Die meisten der bislang durchgeführten Studien lassen häufig zwei Schwachpunkte erkennen. Die zum Einsatz kommenden Kriterien und deren Beantwortung basieren nicht auf Arbeiten mit dem Tool, sondern wurden durch Zusammentragen von Informationsmaterialien erstellt. Der zweite Schwachpunkt ist die mangelnde Aktualität.

Beiden Schwachpunkten sollte in dieser Studie dadurch entgegnet werden, daß einerseits die Tester die gleiche Fallstudie mit allen Tools abbilden sollten und aufgrund der daraus resultierenden Erfahrungen Aussagen zu den Kriterien machen sollten. Dem Schwachpunkt der mangelnden Aktualität kann aufgrund des Entwicklungstempos kaum entronnen werden. Durch ständigen Kontakt zu den Herstellern und einen sehr engen Zeitplan, wurde allerdings versucht diesem Schwachpunkt weitgehend zu begegnen. Die konzeptionelle Ausgestaltung hat dadurch sicherlich etwas gelitten, wofür ich an dieser Stelle um Nachsicht bitte. Verbesserungsvorschläge sind jederzeit herzlich willkommen.

Einen besonderen Dank möchte ich den Testern aussprechen, die freiwillig und unentgeltlich bereit waren, sich innerhalb kürzester Zeit in ein Tool einzuarbeiten. Den Herstellern sei an dieser Stelle ebenfalls recht herzlich gedankt für die kostenlose Bereitstellung ihrer neuesten Versionen und die aktive Unterstützung bei Problemen und Rückfragen. Zuletzt danke ich meiner Frau, die mir einmal mehr als Korrektiv zur Seite stand und das Lektorat für dieses Buch übernommen hat.

Matthias Fank

Berlin im Januar 1998

Inhaltsverzeichnis

8 GRADE-BM 125

Stefan Schweizer, Matthias Fank

1 Einführung

Geschäftsprozeßgestaltung und Prozeßorganisation sind seit einigen Jahren ein viel diskutiertes Thema in Theorie und Praxis, das fast alle Unternehmen vor die Frage stellt, welche Auswirkungen, Chancen und Risiken es für das eigene Unternehmen hat. All diejenigen Unternehmen die sich bereits dieser Herausforderung gestellt haben, sind meist zu Beginn mit der Frage beschäftigt, inwieweit eine Toolunterstützung bei der Organisationsarbeit sinnvoll und hilfreich sein kann.

Arbeitserleichterung

Handwerkszeug wie Stift und Schablone zur Erstellung von Arbeitsabläufen oder Organigrammen gehört mittlerweile in den meisten Unternehmen der Vergangenheit an und ist durch Zeichenprogramme ersetzt worden, die sowohl in der Praxis wie auch in der Lehre zunehmend Verbreitung finden. Dank dieser Zeichenprogramme hat sich der technische Arbeitsaufwand in vielen Reorganisationsprojekten deutlich reduzieren lassen. Der Euphorie durch Arbeitserleichterung bei der Ersterstellung folgt bei vielen Anwendern eine Ernüchterung, wenn es darum geht die einmal erzeugten Grafiken zu aktualisieren bzw. zu verändern. Bei Reorganisations- und Strukturveränderungen im Zweijahresrhytmus erkennt man sehr schnell, welcher Pflegeaufwand notwendig ist, will man seine Grafiken halbwegs aktuell halten.

Toolhersteller

Geschäftsprozeßgestaltung ist keine einmalige Aufgabe, sondern bedarf der kontinuierlichen Verbesserung und Anpassung an technische Entwicklungen. Dieser Aufgabe sind reine Zeichenprogramme in der Regel nicht gewachsen, da sie deutliche Schwachstellen erkennen lassen, die bei umfassenden Tools nicht auftreten. Tools, die nicht nur bei der Erstellung von Strukturen und Prozessen eine Arbeitserleichterung bilden, sondern auch bei der Pflege und Aktualisierung sowie der Validierung und Analyse von Prozessen und Strukturen Hilfestellung leisten, sind in der Vergangenheit eher eine Rarität gewesen und wiesen große Defizite hinsichtlich der Benutzerfreundlichkeit und des Schulungsaufwands auf. Hinzu kam, daß diese Tools eher aus dem Bereich der Wirtschaftsinformatik stammen und das Vokabular der in diesen Tools verwendeten Begriffe nicht

1

dem der Organisatoren entspricht, so daß Übersetzungsleistungen notwendig sind. Dies hatte zur Folge, daß zwischen den reinen Grafiktools und den umfassenden Tools eine große Lücke bestand und die Produkte auch nicht in direktem Konkurrenzkampf zueinander standen. Diese Lücke hat sich in den letzten ein bis zwei Jahren deutlich verringert. Während die reinen Grafiktools ihren Funktionalitätsumfang erweitert haben, wurden auf der anderen Seite die Benutzerfreundlichkeit der umfassenden Tools deutlich verbessert und Produktvereinfachungen realisiert. Kooperationen und Vereinbarungen zwischen den verschiedenen Herstellern, die Schnittstellen zwischen den Tools geschaffen haben, verkleinern diese Lücke ebenfalls deutlich. Erste in Deutschland publizierte Marktstudien, wie z.B. von Tiemeyer und Chrobok, lassen erkennen, welche Fülle von Tools mittlerweile auf dem Markt erhältlich ist. Zusätzlich werden in der Fachpresse ständig neue Produkte vorgestellt. D.h., der Markt für Tools zur Unterstützung der Geschäftsprozeßgestaltung befindet sich in der Wachstumsphase, wodurch verstärkt Me-too-Anbieter angelockt werden und sich ein Verdrängungskampf bemerkbar macht. Aufgrund der oben beschriebenen Reduzierung der Lücke zwischen Grafiktools und umfassenden Tools, sowie der zunehmenden Zahl von Anbietern, ergeben sich für den Anwender bei der Toolauswahl Veränderungen vor allem hinsichtlich der Aspekte Markttransparenz und Preis-/Leistungsverhältnis.

Markttransparenz
und Preis-/
Leistungsverhältnis

Neben einem verbesserten Preis-/Leistungsverhältnis, das sich insgesamt durch sinkende Preise kennzeichnet, hat sich auch die Benutzerfreundlichkeit deutlich verbessert, so daß die meisten Tools mittlerweile den Windows-Standard unterstützen. Aber auch die häufigen Up-Dates sind ein Anzeichen dafür, daß die Toolhersteller bemüht sind, permanent Produktverbesserungen durchzuführen.

Zunehmend schwieriger wird es jedoch für Anwender, einen Überblick über die auf dem Markt erhältlichen Produkte zu erhalten. Aus diesem Grund haben viele Großunternehmen Studien in Auftrag gegeben, von denen die wenigsten publiziert bzw. öffentlich zugänglich sind und überdies häufig unternehmenstypische Gegebenheiten und Anforderungen berücksichtigen, so daß nur unzureichende Verallgemeinerungen getroffen werden können. Betrachtet man die in den Studien verwendeten Kriterien, erkennt man sehr schnell die Gemeinsamkeiten bei der Auswahl. Hierzu zählen beispielsweise Hardwarevoraussetzungen, Preis, Schnittstellen und Funktionalitätsumfang. Diese sicherlich für Unternehmen wichtigen Kriterien lassen sich i.d.R.

durch eine Aufarbeitung entsprechender Werbebroschüren oder Informationsmaterial gut und schnell erfassen und darstellen. Die Darstellung und ein Vergleich der unterschiedlichen Tools kann aber auch auf einer anderen Ebene durchgeführt werden, indem verstärkt inhaltsorientiert vorgegangen wird. Voraussetzung ist in diesem Fall die intensive Auseinandersetzung und Arbeit mit den Tools. Häufig sind es spezifische Frage- und/oder Problemstellungen, die ein Unternehmen dazu veranlassen, sich für ein bestimmtes Tool zu entscheiden. Hieraus ergibt sich ein Defizit, insofern einerseits Tools anhand von allgemeinen Kriterien, die meist softwareorientiert sind, beschrieben werden, andererseits Kriterien, die Unternehmen darüber Aufschluß geben, inwieweit konkrete Fragestellungen angegangen werden können, fehlen. In der vorliegenden Arbeit wird der Versuch unternommen, einen Mittelweg aufzuzeigen. Den Ausgangspunkt für die Entwicklung der benutzten Kriterien bildet die klassische Organisationslehre mit ihrer Einteilung in Aufbau- und Ablauforganisation und den damit verbundenen typischen Fragestellungen, wie sie sich aus der Organisationsarbeit ergeben. Zur Verdeutlichung der inhaltlichen Umsetzung in den einzelnen Tools wurde eine Fallstudie ausgewählt, die exemplarisch mit sechs verschiedenen Tools durchgeführt wird. D.h., der Leser kann den exemplarisch verwendeten Geschäftsprozeß in den einzelnen Tools betrachten und für sich entscheiden, inwieweit damit die unternehmensspezifischen Ansprüche am besten gelöst werden können. Zunächst einmal geht es in der vorliegenden Arbeit darum, einen neuen Weg zur Beschreibung von Tools aufzuzeigen. An zweiter Stelle steht dann die konkrete Umsetzung der Fallstudie mit Hilfe der ausgewählten Tools.

2 Kriterienkatalog zur Toolbeschreibung

Kriterien zur Beschreibung oder zum Vergleich von Softwareprogrammen sind derart vielfältig und weitreichend, daß das Ziel dieses Kriterienkatalogs sicherlich nicht darin bestehen kann und wird, einen allumfassenden Katalog zu entwickeln. Einsatzbereich der hier zu beschreibenden Tools ist die Geschäftsprozeßgestaltung bzw. Geschäftsprozeßorganisation, aus der heraus die Kriterien entwickelt werden. Die in den meisten Vergleichsstudien anzutreffenden Systemkriterien finden demzufolge hier nur eine geringfügige Beachtung und werden zu Beginn der Toolbeschreibung unter dem Hauptkriterium Basisinformationen dargelegt. Ausgangspunkt der Kriterienentwicklung ist die Organisationslehre. Eine Organisation kann durch ihre Elemente bzw. Ressourcen, die in Beziehungen gebracht werden oder unwillentlich entstehen und die ihrerseits wiederum über entsprechende Ausprägungen unterschiedlicher Dimensionen verfügen, beschrieben werden. Elemente bzw. Ressourcen einer Organisation sind die Funktionen (Aufgaben), Funktionsträger (Aufgabenträger), Sachmittel und Informationen. Diese Elemente werden durch Beziehungen miteinander verknüpft. Daraus entstehen zum einen die Struktur einer Organisation und zum anderen die Prozesse. Ablaufbeziehungen betreffen zeitliche, kostenmäßige, qualitative, mengenmäßige und logische Beziehungen. Auf- und Ablauforganisation bilden die formelle Organisation eines Betriebes. Sie fügen das betriebliche Geschehen zu einer Einheit zusammen. Neben der bewußt vorgegebenen formellen Struktur, entwickeln sich in der Praxis unbewußt gebildete informelle Organisationsstrukturen. Ursache für ihre Entstehung sind menschliche Eigenheiten wie z.B. Sympathie, gemeinsame Interessen und der unterschiedliche soziale Status der betrieblichen Mitarbeiter. Ihren Ausdruck finden sie im sogenannten Organisations- bzw. Betriebsklima oder der Arbeitszufriedenheit, die im Rahmen der Tools keine Berücksichtigung finden. Als übergeordnete Hauptkriterien ergeben sich daraus die Aufgabenanalyse, Prozeß, Informations-/Datenmodell, Organisationsstrukturen, Sachmittel und die Dimensionen (Zeit, Menge und Kosten). Diese Hauptkriterien, mit Ausnahme der Dimensionen, enthalten die Unterkriterien Eingabe, Verknüpfung, Darstellung und Integration.

Wichtig für die Organisationsarbeit sind natürlich die Analysemöglichkeiten, mit Hilfe derer Fragestellungen wie z.B. Prozeßdurchlaufzeit und Führungsspanne beantwortet werden können. Die Analysemöglichkeiten bilden ein weiteres Hauptkriterium.

Die Simulationsfähigkeit, eine Funktionalität, die immer mehr Toolhersteller anbieten, die aber in ihrer Umsetzung sehr unterschiedlich ist, bildet ein weiteres Hauptkriterium.

Das Hauptkriterium Dateikommunikation wurde aufgenommen, da zum einen immer mehr Toolhersteller Funktionalitäten anbieten, die eine papierlose Kommunikation der modellierten Modelle ermöglichen, und auf der andere Seite Unternehmen nach Lösungsmöglichkeiten suchen, aktualisierte und veränderte Modelle möglichst schnell und ohne großen Aufwand im Unternehmen kommunizieren zu können.

Da die meisten größeren Reorganisationsvorhaben in Form von Projekten durchgeführt werden, wurde Projektmanagement als Hauptkriterium mit aufgenommen. Die Kategorie Sonstiges wurde aufgenommen, um Eigenschaften der Tools aufzunehmen, die sich keinem der zuvor aufgeführten Kriterien zuordnen ließen, aber aus Sicht der Tester als wichtiges Kriterium zur Produktkennzeichnung aufgeführt werden sollten.

Insgesamt ergeben sich daraus 12 übergeordnete Hauptkriterien, die aus der folgenden Tabelle ersichtlich sind und deren näherer Präzisierung im weiteren Verlauf dargelegt werden soll.

Tabelle 2.1: Hauptkriterien für die Toolpräsentation	Hauptkriterien	
	1	Basisinformationen
	2	Aufgabenanalyse
	3	Prozeß
	4	Informations-/Datenmodell
	5	Organisationsstrukturen
	6	Sachmittel
	7	Dimensionen
	8	Analyse
	9	Simulation
	10	Dateikommunikation
	11	Projektmanagement
	12	Sonstiges

2.1 Basisinformationen

Zu den Basisinformationen zählen zunächst einmal Angaben über die verwendete Produktversion, den Produktumfang, deren zugrundeliegende Methode laut Hersteller, Hardwarevoraussetzungen und Kopierschutzmaßnahmen. Für den Fall, daß bei der Installation Besonderheiten aufgetreten sind, wird kurz darüber berichtet. Angaben über die Einsatzbereiche laut Hersteller werden ebenfalls genannt. Die Komplexität und Funktionalitätsvielfalt der Tools erzeugt bei vielen Anwendern eine gewisse Orientierungslosigkeit. Zur besseren Übersichtlichkeit und Orientierung werden seitens der Hersteller verstärkt Navigationsmöglichkeiten angeboten, die erläutert werden. Die neueren Produktentwicklungen lassen hierbei eine Tendenz in Richtung Baumstruktur, wie sie der Explorer von Microsoft verwendet, erkennen.

2.2 Aufgabenanalyse

Die Aufgabenanalyse bildet sowohl bei der klassischen Vorgehensweise der Organisationsarbeit wie auch beim Business Process Reengineering den Ausgangspunkt. Während beim klassischen Vorgehen auf der Basis der Aufgabenanalyse die Aufbauorganisation erstellt wird, werden beim BPR aus der Aufgabenanalyse heraus die Geschäftsprozesse gebildet. Zuerst gilt es zu prüfen, inwieweit eine eigenständige Aufgabenanalyse durchgeführt werden kann. Für den Fall, daß eine eigenständige Betrachtung der Aufgaben erfolgen kann, wird geprüft, ob die Aufgaben hierarchisiert, d.h. unterschiedliche Abstraktionsebenen gebildet werden können. Zur Bildung unterschiedlicher Ebenen werden in der Organisationslehre die Kriterien Verrichtung, Objekt, Rang, Phase und Zweckbeziehung aufgeführt, wobei die beiden Kriterien Verrichtung und Objekt sicherlich die in der Praxis am häufigsten anzutreffenden Kriterien sind. Es wird geprüft, inwieweit die Aufgabenanalyse durch Referenzen oder durch bereits vorhandene Aufgabenanalysen unterstützt wird. Des weiteren das Programmverhalten beim Versuch, eine Aufgabe mit dem gleichen Namen mehrfach zu erzeugen, um herauszufinden, wie die Eindeutigkeit von Aufgaben bestimmt wird. Neben der Erzeugung der Aufgaben wird untersucht, welche Attribute wie z.B. Bearbeitungszeiten, oder Prozeßkostensätze den Aufgaben hinterlegt und auch grafisch sichtbar gemacht werden können. Die grafischen Gestaltungs- und Veränderungsmöglichkeiten werden getestet und anhand der Fallstudie WZM einmal exemplarisch umgesetzt. Die Integrationsmöglichkeiten werden untersucht, indem geprüft wird, inwieweit die in der Aufgabenanalyse erzeugten Aufgaben für eine spätere Prozeßmodellierung oder Stellenbeschreibung zur Verfügung stehen bzw. der Modellierungsvorgang auch umgedreht werden kann, d.h., ob aus einem bereits modellierten Prozeß heraus eine Aufgabenanalyse nachträglich erzeugt werden kann.

2.3   Prozeß

Die Abbildung und Analyse bis hin zur Optimierung ist das Kernstück der Geschäftsprozeßorganisation und sollte am intensivsten geprüft werden. Das Hauptkriterium Prozeß gliedert sich in die Unterkriterien Eingabe, Verknüpfung, Darstellung und Integration.

Prozesse bilden die zeitliche Abfolge von Aufgaben, die einen definitorischen Anfang und ein Ende besitzen. Bei den in der Praxis doch sehr umfassenden Geschäftsprozessen bildet die Erzeugung von einzelnen Prozeßschritten das erste Unterkriterium. Es wird untersucht ob und wie die in der Aufgabenanalyse bereits erzeugten Aufgaben in den Prozeß übernommen werden können. Die Vorgehensweise bei der Prozeßmodellierung in den einzelnen Tools steht dabei im Mittelpunkt der Betrachtung. Die Prozeßmodellierung bildet im Rahmen der Geschäftsprozeßgestaltung eine mehr oder weniger notwendige Ausgangsvoraussetzung, die möglichst wenig Zeit in Anspruch nehmen sollte und durch die die Tools entsprechend unterstützt werden sollen. D.h., wie können möglichst schnell und einfach bestehende Geschäftsprozesse in dem Tool abgebildet werden, von dem aus die eigentliche Optimierung, unterstützt durch Analyse und Simulation, gestartet wird.

Aus Gründen der Übersichtlichkeit ist es sinnvoll, daß Geschäftsprozesse auf unterschiedlichen Abstraktionsebenen modelliert werden können, wie z.B. Hauptprozesse, Teilprozesse etc. Für den Fall, daß Prozeßhierarchien umsetzbar sind, wird in einem zweiten Schritt geprüft, wie die Prozeßhierarchien miteinander verknüpft werden können. Bildet z.B. die Summe der einzelnen Bearbeitungszeiten im Teilprozeß die Bearbeitungszeit des entsprechenden Prozeßschritts im Hauptprozeß? Neben den primär technischen Aspekten bei der Prozeßmodellierung wird auch geprüft, was einem Prozeßschritt zugeordnet werden kann bzw. muß, wie z.B. Bearbeiter (in Form einer Stelle und/oder konkreten Person), Sachmittel und Datenmodell.

Bei der Prozeßmodellierung werden einzelne Prozeßschritte miteinander verbunden. Diese Verbindungen werden auf ihre inhaltliche Bedeutung und Art hin geprüft. D.h., es wird beispielsweise beschrieben, inwieweit die Verbindung zwischen zwei Aufgaben als Transport von Material oder Informationen repräsentiert wird, denen eine eigenständige Transportzeit und Kosten zugeordnet werden können, oder ob der Transport durch einen eigenständigen Prozeßschritt repräsentiert wird. Die wenigsten in der Praxis ablaufenden Prozesse folgen einer strikten Abfolge in Form einer Kette. Verzweigungen in Form von „UND", „ODER", „Rückkoppelungsschleifen" oder auch eine Kombination bilden in der Praxis die Regel. Manche Aufgaben können erst gestartet werden, wenn mehrere Informationen vorliegen, oder je nach Informationslage werden unterschiedliche Wege beschritten. An dieser Stelle ließen sich sicherlich zahlreiche in der Praxis existierende Fälle aufzählen, was hier nicht getan werden soll. Es wird untersucht und aufgelistet, welche Verzweigungsmöglichkeiten und Kombinationsmöglichkeiten in den einzelnen Tools vorhanden sind. Bei der Oder-Verzweigung wird geprüft, ob Wahrscheinlichkeitsangaben angegeben werden können. Die unterschiedlichen Verzweigungsmöglichkeiten spielen bei der Simulation von Geschäftsprozessen eine große

Rolle. Etwas ausführlicher wird auf die Verzweigungen und ihre Konsequenzen bei der Simulation hingewiesen.

Die Darstellungsformen und Layoutmöglichkeiten bilden den dritten Kriterienkomplex. Einerseits sollen mittels der Tools präsentationsfähige Grafiken erzeugt werden können und andererseits unternehmensspezifische Layoutanforderungen umsetzbar sein. Betrachtet werden die zur Verfügung stehenden Symbole und deren Layoutgestaltungsmöglichkeiten. Das nachträgliche Verändern der Layoutgestaltung für alle und/oder einzelne Objekte wird getestet, was den nachträglichen Veränderungsaufwand deutlich beschleunigen kann. Aber auch das Editieren von neuen Symbolen wird geprüft. Prozesse können auf unterschiedlichste Art und Weise dargestellt werden. Typische Prozeßdarstellungstechniken sind: Folgestruktur, Flußdiagramme, Blockdiagramme, Ereignisprozßketten, SADT-Diagramme oder Petri-Netze. Es werden die unterschiedlichen Darstellungsmöglichkeiten innerhalb der einzelnen Tools aufgelistet. Des weiteren wird getestet, ob zwischen den einzelnen Darstellungstechniken automatisch gewechselt werden kann, und es wird über die Erfahrung damit berichtet. Das automatische Anordnen der Prozeßobjekte ist eine Funktionalität, die von vielen Tools unterstützt wird, deren Ergebnis aber nicht unbedingt befriedigend ist und unter Umständen aufwendige Handarbeit in Sekundenschnelle zerstören kann. Über die Erfahrung mit dieser Funktionalität soll berichtet werden.

Integration, das vierte Unterkriterium, beschäftigt sich mit der Frage, welche Informationen aus dem Prozeß anderen Elementen wie z.B. Aufgabenanalyse, Stellenbeschreibung, Organigramm und Informationsbeschreibung zur Verfügung stehen und wie diese Verbindung erzeugt wird. Die Integration erleichtert demzufolge den Modellierungsaufwand, was jedoch zur Folge hat, daß die Komplexität und die Unübersichtlichkeit steigt, da der Anwender genau wissen muß, wo und wie welche Objekte erzeugt und verändert werden. Bezogen auf die Veränderung werden die Tools auch auf ihre Vererbungsregeln hin überprüft, die unter Umständen den Veränderungsaufwand deutlich reduzieren können. Hierzu ein kleines Beispiel. Ein Unternehmen führt eine neue Logistiksoftware ein, was zur Folge hat, daß die Tätigkeit „Lagerbestand prüfen" in seiner Bearbeitungszeit um 20% reduziert wird. Diese Veränderung sollte an einer Stelle vorgenommen werden können und in allen Prozessen und Unterprozessen, wo diese Tätigkeit vorkommt, automatisch geändert werden. Da diese automatische Veränderung möglicherweise nicht immer gewünscht wird, sollte natürlich auch eine lokale Veränderung möglich sein.

2.4   Informations-/Datenmodell

Das Element Information bildet in den meisten Unternehmen ein fast unerschöpfliches Optimierungspotential. Zum einen existieren Geschäftsprozesse, innerhalb derer nur wenige neue Informationen generiert werden, wodurch der Wertschöpfungsanteil reduziert wird. Zum anderen gibt es ein reichhaltiges Optimierungspotential durch den Einsatz computergestützter Verarbeitung und Weiterleitung von Informationen. Die hierzu notwendige Datenmodellierung zählt nicht zu den originären Aufgaben des Organisators und wird nur rudimentär angegangen.

Zunächst wird geprüft, ob eigenständige Informations- und Datenmodelle erzeugt werden können und anschließend dem Geschäftsprozeß zugeordnet werden können. Das Vorgehen zur Erstellung eines eigenständigen Informationsmodells wird am Beispiel der Fallstudie WZM getestet. Die Hierarchisierung und Klassifizierung von Informationen wird in einem zweiten Schritt durchgeführt, wobei untersucht wird, inwieweit Informationen Eigenschaften und Attribute, wie z.B. der Träger von Informationen, zugeordnet werden können.

Unter dem Unterkriterium Darstellung wird geprüft, welche Symbole und deren Layoutgestaltungsmöglichkeiten bei der Modellierung zur Verfügung stehen bzw. neue definiert werden können. Für den Fall, daß zwischen verschiedenen Darstellungstechniken gewählt werden kann, werden diese aufgelistet. Die automatische Generierung und Anordnung der Symbole und deren Verbindungen werden getestet und über deren Ergebnis wird berichtet. Integration im Sinne der Verknüpfung von Informationen mit den Prozeßschritten ist sicherlich ein wichtiger Aspekt bei der Prozeßoptimierung. Voraussetzung ist jedoch, daß hinsichtlich des Elements Information entsprechende Analysen wie z.B. die Medienbruchanalyse oder die Anzahl an neu definierten Informationen innerhalb eines Geschäftsprozesses zur Verfügung stehen.

2.5   Organisationsstrukturen

Organisationsstrukturen ist eine Bezeichnung für die Ordnung zwischen den Aktionseinheiten der zielgerichteten Unternehmung, wovon es zahlreiche und z.T. sehr unterschiedliche Ausprägungsformen in der Praxis gibt. D.h., es muß für jede organisatorische Einheit und Stelle deren Eingliederung in das Unternehmen oder deren Rang festgelegt werden. Für jede Stelle und organisatorische Einheit muß die Einordnung in ein Weisungssystem bestimmt werden, also ein Vorgesetzten-/Untergebenenverhältnis. Die Gesamtheit aller dieser Einordnungsverhältnisse wird Betriebshierarchie genannt, die zur Veranschaulichung in einem Diagramm, einem sogenannten Organigramm, dargestellt wird.

Bezogen auf die Unterstützung durch Tools erfolgt die Betrachtung in vier Stufen: Eingabe, Verknüpfungen, Darstellung und Integration. Bei der Eingabe wird zunächst die Vorgehensweise innerhalb der einzelnen Tools beschrieben. Nach dem Erstellen von Objekten und den dabei zur Verfügung stehenden Symbolen (z.B. Stelle, Abteilung, Stab, Team, Ausschuß etc.) und grafischen Gestaltungsmöglichkeiten werden die Eigenschaften von Objekten untersucht. Zu den Eigenschaften zählen beispielsweise die Zeiten, zu denen diese Stelle besetzt ist und demzufolge für die Ausführung von Aufgaben zur Verfügung steht. Im zweiten Schritt werden die Verknüpfungsmöglichkeiten zwischen den Objekten getestet. Die unterschiedlichen Beziehungstypen bzw. die Möglichkeit, eigene Beziehungstypen definieren zu können, stehen dabei im Mittelpunkt der Betrachtung. Bei der Erstellung und Pflege umfangreicher Organigramme ist es hilfreich, wenn zunächst abstrakte Stellen mit entsprechenden Eigenschaften erzeugt werden können und in einem zweiten Schritt in konkrete Stellen umgewandelt werden können bzw. bei der Pflege der Eigenschaften nur an den abstrakten Stellen Veränderungen vorgenommen werden müssen. Hierzu ein Beispiel: Alle Sachbearbeiter, die bislang nach der Gehaltsklasse BAT III bezahlt wurden, sollen in Zukunft nach BAT II bezahlt werden. Damit die Veränderung nicht bei allen Sachbearbeitern vorgenommen werden muß, ist es hilfreich, wenn sie an der Stelle erfolgen kann, wo die abstrakte Stelle „Sachbearbeiter" definiert worden ist. Inwieweit Personen mehreren organisatorischen Einheiten zugeordnet werden können, oder Teilzeitkräfte umgesetzt werden können, wird ebenfalls geprüft.

Bei der Darstellung des Organigramms wird untersucht, ob unterschiedliche Darstellungstechniken ausgewählt werden können und inwieweit die grafische Darstellung durch die Funktion „automatisch anordnen" unterstützt wird und das Ergebnis für spätere Präsentationen verwendet werden kann. Da ein komplettes Organigramm mit allen Stellen in den seltensten Fällen erstrebenswert ist, wird untersucht, ob mit den Tools in einer Datei mehrere Organigramme erzeugt werden können und wie diese miteinander verknüpft werden können, um gegebenenfalls ein Gesamtorganigramm zu erzeugen und die Konsistenz zu gewährleisten.

Zum Thema Integration werden zwei Sachverhalte geprüft. Zum einen wird geprüft, in welchem Zusammenhang das Organigramm zum Prozeß steht, d.h. Personen oder Stellen den einzelnen Prozeßschritten zugeordnet werden können, und andererseits der Zusammenhang zur Aufgabenanalyse, der für Stellenbeschreibungen genutzt werden kann.

Neben den Organisationsstrukturen, wird auch die Erzeugung von Stellenbeschreibungen und deren inhaltliche Ausgestaltung untersucht. Wichtig hierbei ist es, daß die bereits erfaßten Informationen, wie z.B. Aufgaben oder Stellen für eine Stellenbeschreibung, zur Verfügung stehen und zusätzliche Informationen noch hinzugefügt werden können. Darstellungsmöglichkeiten bzw. Exportmöglichkeiten in andere Programme wie z.B. Textverarbeitungsprogramme können in einigen Fällen hilfreich sein und werden getestet.

2.6   Sachmittel

Sachmittel sind materielle Instrumente, die den Aufgabenträger bei der Erfüllung seiner Aufgaben unterstützen, selbständig Aufgaben erfüllen oder den Transport von Informationen übernehmen. „Sachmittel" ist eine Ressource, die die Leistung eines Prozesses stark beeinflussen kann. D.h. durch den Einsatz entsprechender Sachmittel können beispielsweise die Prozeßdurchlaufzeiten verkürzt oder Wartezeiten vermieden bzw. reduziert werden. Fragen nach der Sachmittelauslastung oder Kostenverursachung sollten mit Hilfe der Tools beantwortet werden können. D.h. das Tool sollte neben der Darstellung von Sachmitteln auch über entsprechende Analysen verfügen, um die gewünschten Informationen erhalten zu können. Das Kriterium „Sachmittel" untergliedert sich in die Schritte „Eingabe", „Darstellung" und „Integration". Neben der Ausgangsfrage, ob Sachmittel mit Hilfe der Tools abgebildet werden können, stellt sich die Frage, wo und wie die Sachmittel erstellt werden. Neben der reinen Sachmittelmodellierung ist es wichtig, daß Sachmitteln Eigenschaften (Menge, Rüstzeit und Kosten) hinterlegt werden können. Die Darstellung der Sachmittel konzentriert sich primär auf die Gestaltungsmöglichkeiten der einzelnen Objekte. Können beispielsweise die Sachmittel durch entsprechende Bitmaps dargestellt werden, bzw. können Kapazitäten eingeblendet werden? Das Kriterium Integration konzentriert sich auf die Frage, wie und wo die Sachmittel dem Prozeß zugeordnet werden und welche Visualisierungsmöglichkeiten dabei zur Verfügung stehen.

2.7   Dimensionen

In der Vergangenheit wurden organisatorische Maßnahmen entweder unter dem Aspekt der Zeit, wie z.B. Minimierung der Prozeßdurchlaufzeit, oder unter dem Kriterium Menge bewertet, indem versucht wurde möglichst hohe Auslastungsgrade zu bestimmen. Organisatorische Maßnahmen unter dem Kostenaspekt zu betrachten wird erst seit wenigen Jahren durchgeführt. So kann es durchaus sinnvoll sein, die Prozeßdurchlaufzeit zu verlängern, wenn dadurch Kosteneinsparungen erzielt werden können. Eine vierte auch für die Organisationsarbeit wichtige Dimension bildet die Qualität, die in den wenigsten Fällen quantifizierbar ist und im Rahmen der Tooldarstellung nur am Rande behandelt wird. Bei der Tooldarstellung soll lediglich geprüft werden, ob das Tool bei einer Zertifizierung nach DIN EN 9000ff Unterstützung liefert, indem beispielsweise den einzelnen Prozeßschritten Arbeits- bzw. Verfahrensanweisungen hinterlegt werden können.

2.7.1   Zeit

Die Dimension Zeit ist derart vielfältig, daß es schwer fällt alle Zeitaspekte und deren Bedeutung zu erläutern. Aus diesem Grund wurden die wichtigsten Zeiten in Form einer Liste geprüft, inwieweit sie Berücksichtigung finden. Wichtig ist es zu unterscheiden, welche Zeiten durch den Anwender einzugeben sind und welche Zeiten durch das Tool bestimmt bzw. errechnet werden. Bei einigen Zeiten ist es hilfreich, wenn sie dynamisiert werden können. Dies bedeutet an einem Beispiel erläutert, daß die Bearbeitungszeit für „einen Auftrag prüfen" normalerweise 5 Minuten dauert aber auch in manchen Fällen nur 2 oder sogar 10 Minuten betragen kann.

2.7.2   Menge

Mengenangaben sollten für Personen bzw. organisatorische Einheiten und für Sachmittel möglich sein. Die Menge (im Sinne der

Anzahl) an zu durchlaufenden Prozessen ist ebenfalls eine wichtige Dimension und wird untersucht.

2.7.3   Kosten

Im Verlauf eines Geschäftsprozesses werden Ressourcen ge- und verbraucht, die nach Kostengesichtspunkten bewertet werden können. Bezogen auf die Dimension Kosten wird untersucht, ob mit dem Tool eine Prozeßkostenrechnung auf der Basis einer Kostenstellenrechnung durchgeführt werden kann und für welche Ressourcen (z.B. Personal und Sachmittel) Kosten angegeben werden können und wie, bzw. wo die Eingabe erfolgt. Zur Durchführung einer Prozeßkostenrechnung ist es wichtig, daß zwischen leistungsmengenneutralen und leistungsmengenabhängigen Kosten unterschieden werden kann, was ebenfalls untersucht wird.

2.8   Analyse

Die Analysefunktionalität der Tools ist meistens vorhanden, jedoch variiert die inhaltliche Ausgestaltung bzw. der Analyseumfang beträchtlich. Grundsätzlich sollten alle Informationen, die in das Tool eingegeben werden oder durch das Tool erzeugt werden, durch eine Analyse auswertbar sein. Die Analysefunktionalität bezogen auf die Analyse von Geschäftsprozessen nach Zeiten, Mengen und Kosten bildet dabei die Mindestanforderung. Unter dem Kriterium Analyse werden die zur Verfügung stehenden Analysen, falls nicht zu umfangreich, aufgelistet. Analysen im Rahmen der Organisationsarbeit sind derart vielfältig, daß alle Analysewünsche sicherlich nicht befriedigt werden können. Hier wäre es hilfreich, wenn die Möglichkeit bestünde, eigene Analysen erstellen zu können, was zusätzlich untersucht wird. Das Ergebnis der Analysen und deren Darstellungsmöglichkeiten durch entsprechende Grafiktypen, sind für eine spätere Präsentation und für eine gute Projektdokumentation hilfreich. Zusätzlich wird untersucht, inwieweit die Analyseergebnisse, separat gespeichert, in andere Anwendungen übernommen werden können und ob Vergleichsanalysen z.B. zwischen der Ist-Situation eines Geschäftsprozesses und dem optimierten Ablauf durchgeführt werden können.

2.9   Simulation

Simulation ist eine Funktionalität, die in den letzten Jahren verstärkt von den Toolherstellern angeboten wird, sich in ihrer

Funktionsweise jedoch deutlich unterscheidet. Getestet wird die Simulation von Geschäftsprozessen. Zur Vereinfachung wird im folgenden zwischen einer „einfachen" und einer „komplexen" Simulation unterschieden. Bei einer einfachen Simulation werden auf der Basis eines bestehenden Geschäftsprozesses eine oder möglicherweise auch mehrere Größen, wie z.B. Bearbeitungszeiten, verändert und auf das Gesamtergebnis, z.B. Veränderung der Durchlaufzeit, hin untersucht. Die komplexe Simulation setzt ebenfalls einen modellierten Geschäftsprozeß voraus, für den die Zahl der zu startenden Prozeßauslöser festgelegt wird und die Durchlaufzeit während der Simulation bestimmt wird. D.h., Wartezeiten, z.B. durch die Nichtverfügbarkeit von Ressourcen wie Personal oder Sachmittel, entstehen erst während der Simulation und werden nicht vorab festgelegt bzw. eingegeben. Komplexe Simulationen sollten über die folgenden Zusatzfunktionen verfügen: Festlegung des Zeitpunktes bzw. mehrerer Zeitpunkte, wann eine Simulation startet; Vergabe von Prioritäten, d.h. nicht jeder Prozeß (Kunde) erhält die gleiche Dringlichkeit. Prozesse können durch mehrere Ereignisse ausgelöst werden, d.h., z.B. ein Auftrag kann per Post, Telefon, FAX oder Email ausgelöst werden. Wie dies in den Tools umgesetzt werden kann, wird ebenfalls getestet. Wird vor der Simulation die Anzahl der zu simulierenden Prozesse festgelegt, stellt sich die Frage wie Rüstzeiten, falls sie angegeben werden können, in die Prozeßdurchlaufzeit aufgenommen werden. So wird z.B. nicht für jede Kundenanfrage das Auftragsabwicklungssystem gestartet, sondern vielleicht nur einmal zu Beginn des Arbeitstages. Zur besseren Nachvollziehbarkeit der Simulation ist es hilfreich, wenn die Simulation durch eine Animation am Bildschirm unterstützt wird und ein Simulationsprotokoll, wo jeder Simulationsschritt dokumentiert ist, ausgegeben werden kann.

2.10 Dateikommunikation

Das Kriterium Dateikommunikation befaßt sich primär mit der Frage, wie die modellierten Geschäftsprozesse Dritten zugänglich gemacht werden können. Die konventionelle Vorgehensweise besteht im Drucken der Modelle, d.h., zunächst werden die Druckoptionen erläutert. Durch die zunehmende Verbreitung von Internet und Intranets wird die Kommunikation von Informationen auf der Basis von HTML erzeugten Seiten immer verbreiteter. Die Möglichkeiten, HTML-Seiten zu erstellen, bzw. die Möglichkeit, die Modelle durch einen toolunabhängigen Viewer betrachten zu können, werden geprüft. Für den Fall, daß das

Tool über keine digitalisierte Kommunikationsvariante verfügt, wird geprüft, ob Dateien durch Paßwörter geschützt sind bzw. ob sie über die Unterscheidung von Lese- und Schreibrechten verfügen, um sie zumindest auf diesem Weg Dritten zugänglich zu machen, ohne ein Risiko einzugehen.

2.11 Projektmanagement

In den seltensten Fällen werden umfassendere Organisationsprojekte von Einzelpersonen durchgeführt. Teams sind der Regelfall, was zwangsläufig zu einer Arbeitsteilung führt, deren Ergebnisse zusammengeführt werden müssen. Inwieweit das Tool das Arbeiten im Team unterstützt, entscheidet sich dadurch, daß das Tool entweder Multi-User-fähig ist, mehrere Dateien zusammengeführt werden können oder mehrere Dateien gleichzeitig geöffnet werden können, falls mehrere Personen an einem Projekt arbeiten. Zur Projektdokumentation ist es wichtig, daß das Programm über eine Versionskontrolle der Dateien verfügt. Zur Dokumentation des Projektes und zur persönlichen Kontrolle ist es außerdem hilfreich, wenn das Programm zusätzlich über Sitzungsprotokolle verfügt, die die durchgeführten Arbeitsschritte dokumentieren, was geprüft wird.

2.12 Sonstiges

Die Kategorie Sonstiges wurde aufgeführt, damit über Produkteigenschaften berichtet werden kann, die den zuvor aufgeführten Kategorien nicht unterordenbar sind, aber dennoch für den Anwender Bedeutung haben können bzw. ein wichtige Produkteigenschaft darstellen. Nicht zuletzt sollte den Testern damit die Möglichkeit gegeben werden, an dieser Stelle ein paar persönliche Erfahrungen im Umgang mit dem Tool zu dokumentieren.

3 Beschreibung der Fallstudie

Die zuvor aufgeführten Kriterien zur Beschreibung von Tools für Geschäftsprozeßgestaltung erfordern bzw. lassen es sinnvoll erscheinen, sie anhand einer Fallstudie zu überprüfen. Die Modellierung der gleichen Fallstudie mit allen Tools führt zu einer besseren Transparenz und Vergleichbarkeit, indem der Leser die Möglichkeit hat nachzusehen, wie der gleiche Prozeß oder das gleiche Organigramm in den einzelnen Tools umgesetzt werden kann. Sicherlich können nicht alle Kriterien und der daraus resultierende Fragenkatalog gänzlich umfassend beantwortet werden; dieses Ergebnis kann eine einzige Fallstudie nicht leisten. So wurde eine Fallstudie ausgewählt, die zumindest die wesentlichen Fragestellungen beantworten kann. Zusätzlich sollte die Fallstudie aus einem Bereich stammen, der für viele Leser nachvollziehbar und eindeutig ist. Der Arbeitsablauf wurde aus dem Verwaltungsbereich gewählt, was zum einen den Transfer auf Dienstleistungsunternehmen erleichtert und zum anderen die administrativen Geschäftsprozesse, die durch den Einsatz moderner Informations- und Kommunikationstechnologien wie z.B. Workflow-Systeme, die häufig den Einsatzbereich von Tools zur Geschäftsprozeßgestaltung bilden. Aufgrund der Tatsache, daß neben der reinen Umsetzung der Fallstudie in den einzelnen Tools auch der Analyseumfang untersucht werden soll, wurde ein Geschäftsprozeß ausgewählt, der eine Reihe von Schwachstellen aufweist, wie z.B. häufiger Bearbeiterwechsel, Transport durch Hausboten, mehrere Medienbrüche etc. Nicht zuletzt sollte es sich um eine Fallstudie handeln, die bereits publiziert wurde und jedem zugänglich sein sollte. All dies Gründe und Anforderungen führten dazu, daß eine Fallstudie von Wittlage ausgewählt wurde, die leicht abgeändert und um Modellierungshinweise ergänzt wurde. Die Fallstudie und die Hilfestellungen für eine einheitliche Modellierung der Fallstudie werden im folgenden beschrieben.

3.1 Fallstudie: Das Unternehmen WZM GmbH

Das Unternehmen WZM GmbH ist Hersteller von Werkzeugmaschinen wie Bohr-, Dreh-, Fräs-, Schleif- und Sägemaschinen.

Der Standort des Unternehmens liegt am Rande einer Großstadt in Hessen.

Der Umsatz des Unternehmens betrug im letzten Jahre ca. 60 Mio. DM. Aufgrund des scharfen Wettbewerbs auf den Märkten für Werkzeugmaschinen ist für das nächste Jahr mit einem geringen Umsatzzuwachs und einer sich verschlechternden Ertragslage zu rechnen.

Das Unternehmen beschäftigt z. Zt. insgesamt rd. 250 Mitarbeiter, davon ca. 100 in der Produktion. Die Unternehmensleitung besteht aus zwei Geschäftsführern, einem technischen und einem kaufmännischen. Der Verantwortungsbereich des technischen Geschäftsführers umfaßt die Bereiche Beschaffung und Fertigung; Lager & Versand, Marketing und Verwaltung sind dem kaufmännischen Geschäftsführer zugeordnet. Um- und übergreifende Bereichsentscheidungen sind in der Unternehmensleitung zentralisiert.

Der Bereich Beschaffung besteht aus den Abteilungen Einkauf, Materialprüfung und Lager für Halbzeug und Bauteile. Der Bereich Fertigung besteht aus den Abteilungen technische Abteilung, Produktion und Montage. Lager & Versand ist ein Bereich der aus den Abteilungen Fertigwarenlager, Versand und Fuhrpark besteht. Der Marketingbereich ist in die Abteilungen Vertriebsinnendienst, Werbeabteilung, Außendienst und zentraler Schreibdienst untergliedert. Der Vertrieb der Produkte erfolgt durch festangestellte Verkäufer (50), die von der Abteilung Außendienst am Standort des Unternehmens zentral gesteuert werden. Diese bearbeiten den gesamten inländischen Markt. Jedem Verkäufer ist ein bestimmtes regionales Verkaufsgebiet zugeteilt (Basis der Aufteilung: Postleitzahlen). Die Auftragsabwicklung wird von der Abteilung Vertriebsinnendienst durchgeführt, die neben dem Leiter 15 Sachbearbeiter umfaßt. Der Bereich Verwaltung besteht aus den Abteilungen Personal, Rechnungswesen & EDV und allgemeine Hausdienste.

Problemstellung

Die Ausweitung des Leistungsprogramms führte zu einer erheblichen Veränderung der Kundenstruktur sowohl im Hinblick auf die Zahl als auch die Größe der Kunden. Aufgrund des steigenden Wettbewerbs auf ihren Märkten und technologischer Neuerungen ist die WZM GmbH gezwungen, dem Kunden nicht nur Produkte, sondern auch Problemlösungen anzubieten. In der letzten Zeit ergaben sich zunehmende Schwierigkeiten im Materialbereich des Unternehmens. Die wirkten sich wie folgt aus: Verzögerung der Produktion durch nicht vorhandenes Material, daraus resultierend Nichteinhaltung der vertraglich zugesagten Lieferzeiten mit der Folge von Konventionalstrafen; Improvisation (ad hoc-Entscheidungen) bei der Materialbeschaffung mit der Folge erhöhter Transportkosten. Andererseits waren hohe Lagerbestände verschiedener Materialien feststellbar, die zu hohen Lagerkosten, insbesondere aber zu einer Belastung der Liquidität führten. Das Einkaufsvolumen beträgt 40 % des Umsatzvolumens und stellt damit einen wesentlichen Kostenfaktor für das Unternehmen dar.

Die derzeitige Aufbau-(Gebilde-) und Ablauforganisation (Prozeßstruktur) sind nach der Meinung der beiden Geschäftsführer der Firma WZM GmbH unbefriedigend gestaltet. Die Geschäftsführer möchten eine umfassende und grundlegende Reorganisation des gesamten Unternehmens vornehmen. Hierzu sollen in einem ersten Schritt die beiden folgenden verbal beschriebenen Arbeitsabläufe zunächst abgebildet und in einem zweiten Schritt verbessert werden.

Auszug aus dem Arbeitsablauf „Bearbeitung eines Kundenauftrages"

Die Kundenaufträge werden, sofern sie nicht schriftlich oder telefonisch beim Vertriebsinnendienst eingehen, folgender Bearbeitung unterworfen. Am Ende des Verkaufsgesprächs werden die Bestelldaten - Kd.-Nr., Kd.-Name, Art.-Nr., Art.-Bezeichnung, Menge, gewünschter Liefertermin - vom jeweiligen Verkäufer im Beisein des Kunden auf einem Auftragsformularsatz (Original in weiß, 2 Durchschriften in blau und gelb) erfaßt, der Kunde unterschreibt den Auftrag. Das Original (weiß) des Formularsatzes leitet der Verkäufer an den zuständigen Sachbearbeiter der Auftragsbearbeitung, die erste Durchschrift (blau) verbleibt beim Kunden, die zweite Durchschrift (gelb) fügt der Verkäufer seinen Kundenunterlagen bei.

Der zuständige Sachbearbeiter der Auftragsbearbeitung prüft den Auftrag auf formale und sachliche Richtigkeit, zieht eine Kopie, die er anschließend in die Ablage legt, und leitet das Auftragsoriginal (weiß) an den zentralen Schreibdienst weiter. Der Schreibdienst erstellt in einem ersten Arbeitsgang anhand der Daten des Auftrages eine vorläufige Auftragsbestätigung (Original rot und Durchschrift grün) und leitet diese an den Sachbearbeiter Auftragsbearbeitung. Dieser prüft die sachliche Richtigkeit der vorläufigen Auftragsbestätigung, legt die Durchschrift (grün) ab und leitet das Original (rot) der vorläufigen Auftragsbestätigung an den Abteilungsleiter Vertriebsinnendienst. Dieser unterzeichnet und sendet sie über den Postversand an den Kunden. In einem zweiten Arbeitsgang erstellt der Schreibdienst anhand der Daten des Auftragsoriginals (weiß) einen Lieferschein (Original, grau und Durchschrift, rosa) und leitet diesen mit dem Auftragsoriginal (weiß) an den Sachbearbeiter Auftragsbearbeitung.

Der Sachbearbeiter Auftragsbearbeitung leitet den Lieferschein (zweifach, grau und rosa) an den Arbeiter in der Abteilung Lager & Versand für Fertigwaren, der den vom Kunden gewünschten Liefertermin bestätigt bzw. einen neuen Liefertermin aufgrund von Lagerbestand und Tourenplanung festlegt und in den Lieferschein einträgt. Er zieht eine Kopie des Lieferscheines, legt diese auf Termin und sendet den Lieferschein (zweifach) an den Sachbearbeiter Auftragsbearbeitung zurück. Der Sachbearbeiter Auftragsbearbeitung leitet nun das Auftragsoriginal (weiß) und die gezogene Kopie des Auftrages aus der Ablage an die Abteilung Rechnungswesen, EDV, diese überprüft die Bonität des Kunden, macht einen entsprechenden Vermerk auf dem Original (weiß) und der Kopie, leitet das Original (weiß) an den Sachbearbeiter Auftragsbearbeitung zurück. Sollte die Bonitätsprüfung durch den Bonitätsprüfer negativ sein, gibt der Sachbearbeiter der Auftragsbearbeitung den gesamten Vorgang vor der Erstellung der endgültigen Auftragsbestätigung an den Leiter des Vertriebsinnendienstes zur weiteren Bearbeitung ab.

Auf Basis des Auftragsoriginals (weiß) und des Lieferscheins (grau) diktiert nun der Leiter Vertriebsinnendienst die endgültige Auftragsbestätigung (einschl. Liefertermin). Die Auftragsbestätigung (Original, braun, und Durchschrift, pink) wird vom zentralen Schreibdienst erstellt und an den Leiter Vertriebsinnendienst geleitet. Nach einer Überprüfung leitet er die Unterlagen an seinen Auftragsbearbeiter weiter, der das Original (braun) an den Kunden sendet. Die Durchschrift (pink) wird mit den anderen Unterlagen (Auftragsoriginal, vorläufige Auftragsbestätigung, Lieferschein) auf Termin gelegt.

3.2   Modellierungshinweise:

3.2.1   Aufgabenanalyse

Für die Musterlösung der Aufgabenanalyse wurde eine zweistufige Gliederung vorgegeben. Ausgehend von der Gesamtaufgabe

Auftragsbearbeitung werden die Hauptaufgaben nach dem Kriterium Objekt gebildet. Die Hauptaufgaben werden nach dem Kriterium Verrichtung in Teilaufgaben zerlegt. Die Haupt- und Teilaufgaben können aus der folgenden Tabelle entnommen werden.

<table>
<tr><th colspan="2">Aufgabenanalyse der Auftragsabwicklung</th></tr>
<tr><th>Hauptaufgaben</th><th>Teilaufgaben</th></tr>
<tr><td rowspan="10">Tätigkeiten am
Auftragsformularsatz</td><td>Erfassen der Kundendaten</td></tr>
<tr><td>Aufnahme des Auftrags</td></tr>
<tr><td>Prüfung des Auftrags</td></tr>
<tr><td>Kopieren des Auftrags</td></tr>
<tr><td>Ablage der Auftragskopie</td></tr>
<tr><td>Entnahme der Auftragskopie</td></tr>
<tr><td>Prüfung der Bonität</td></tr>
<tr><td>Entscheidung über weiteres Vorgehen</td></tr>
<tr><td>Vermerk über Bonität</td></tr>
<tr><td rowspan="4">Tätigkeiten an der
vorläufigen
Auftragsbestätigung (AB)</td><td>Erstellung der vorläufigen AB</td></tr>
<tr><td>Überprüfung der vorläufigen AB</td></tr>
<tr><td>Ablage der vorläufigen AB</td></tr>
<tr><td>Unterzeichnung der vorläufigen AB</td></tr>
<tr><td rowspan="5">Tätigkeiten am
Lieferschein</td><td>Schreiben Lieferschein</td></tr>
<tr><td>Überprüfung Lagerbestand</td></tr>
<tr><td>Festlegung Liefertermin</td></tr>
<tr><td>Kopieren Lieferschein</td></tr>
<tr><td>Kontrollieren Lieferschein</td></tr>
<tr><td rowspan="5">Tätigkeiten an der
endgültigen
Auftragsbestätigung (AB)</td><td>Überprüfen der endgültigen AB</td></tr>
<tr><td>Schreiben der endgültigen AB</td></tr>
<tr><td>Diktieren der endgültigen AB</td></tr>
<tr><td>Ablegen der endgültigen AB</td></tr>
<tr><td>Versand an den Kunden</td></tr>
</table>

Tabelle 3.1:
Aufgabenanalyse der
Auftragsabwicklung

3.2.2   Prozeß

Geschäftsprozeß Auftragsabwicklung	
Hauptprozeß	Teilprozeß
Tätigkeiten am Auftragsformularsatz	Erfassen der Kundendaten
	Aufnahme des Auftrags
	Prüfung des Auftrags
	Kopieren des Auftrags
	Ablage der Auftragskopie
Tätigkeiten an der vorläufigen Auftragsbestätigung (AB)	Erstellung der vorläufigen AB
	Überprüfung der vorläufigen AB
	Ablage der vorläufigen AB
	Unterzeichnung der vorläufige AB
Tätigkeiten am Lieferschein	Schreiben Lieferschein
	Kontrollieren Lieferschein
	Überprüfung Lagerbestand
	Festlegung Liefertermin
	Kopieren Lieferschein
Tätigkeiten am Auftragsformularsatz	Entnahme der Auftragskopie
	Prüfung der Bonität
	Vermerk über Bonität
	Entscheidung weiteres Vorgehen
Tätigkeiten an der endgültigen Auftragsbestätigung (AB)	Diktieren der endgültigen AB
	Schreiben der endgültigen AB
	Überprüfen der endgültigen AB
	Ablegen der endgültigen AB
	Versand an den Kunden

Analog zur Aufgabenanalyse wird der Geschäftsprozeß Auftragsbearbeitung in zwei Ebenen strukturiert. Die erste Ebene entspricht dem Hauptprozeß, der nach dem Kriterium Objekt gebildet wurde, und die zweite Ebene wurde Teilprozeß genannt und

nach dem Kriterium Verrichtung aufgebaut. Die Struktur kann aus der folgenden Tabelle entnommen werden.

3.2.3   Informationsmodell

Zur Auftragsabwicklung werden Auftragsinformationen benötigt bzw. im Rahmen des Geschäftsprozesses ermittelt. Hierzu wurde eine Musterlösung der Auftragsinformationen erstellt und in eine Hierarchie (Haupt-/Teilinformation) gebracht, die aus der folgenden Tabelle ersehen werden kann

Tabelle 3.3:
Informationen der
Auftragsabwicklung

Auftragsinformationen	
Hauptinformationen	Teilinformationen
Bestelldaten	Kundennummer
	Kundenname
	Artikelnummer
	Menge
	Gewünschter Liefertermin
Bonität	Bankauskunft
	Ausstehende Forderungen
Lager	Lagerbestand
	Liefertermin

3.2.4   Organisationsstrukturen

Die Aufbauorganisation der WZM GmbH entspricht einem klassischen Einliniensystem mit einer disziplinarischen Über-/Unterordnung, das auf der zweiten Ebene nach Funktionen strukturiert ist. Die beiden Geschäftsführer leiten das Unternehmen gemeinsam, wobei dem einen die technische, dem anderen die kaufmännische Leitung obliegt.

3.2.5   Sachmittel

Für die Sachmittel wurde ebenfalls eine Musterlösung für die zu modellierenden Sachmittel vorgegeben, die in zwei übergeordneten Kategorien, Bearbeitungs- und Transportsachmittel, eingeteilt wurde.

Sachmittel zur Auftragsabwicklung	
Hauptinformationen	Teilinformationen
Bearbeitungssachmittel	Kopierer
	Taschenrechner
	Schreibmaschine
	Diktiergerät
	Stift
	Ablagekorb
	Formulare
	Ordner
Transportsachmittel	Umlaufmappe
	Bundespost

4 Ablauf-Profi

4.1 Basisinformation

Einleitung

Die ibo Software GmbH Wettenberg entwickelt und vertreibt Standardsoftware, die als Werkzeuge der Organisationsarbeit eingesetzt werden kann. Für die Bearbeitung dieses Toolvergleiches wurde eine zeitlich begrenzte Vollversion der Software Ablauf-Aufbau-Analyse in der Version 3.5 zur Verfügung gestellt.

Beim Hersteller kann eine Testversion angefordert werden. Eine Web-Site des Herstellers informiert über Neuigkeiten und bietet die Möglichkeit des Downloads von Testversionen und Updates.

Die Organisationssoftware Ablauf-Aufbau-Analyse (Ablauf-Profi, Aufbau-Profi, Analyse-Manager) bietet umfassende Lösungen für die Bereiche Ablauforganisation und Aufbauorganisation. Dem Programm liegt ein Datenbanksystem zugrunde. Der Report-Manager erweitert das System: Datenbankauswertungen werden mitgeliefert und können bei Bedarf erweitert werden.

Als Hardwarebasis genügt ein PC in Standardausstattung mit Windows-Betriebssystem. Um Wartezeiten zu minimieren, wird ein schneller Prozessor empfohlen. Die Software läuft auf Einzel-PCs oder im Netzwerk.

Die Installation läuft nach dem Eingeben der Pfadinformationen automatisch ab. Der Kopierschutz wird über Lizenznummern realisiert, die Anzahl und Nutzungsdauer der Lizenzen festlegen. Eine Lizensierung einzelner Module (Ablauf-Profi, Aufbau-Profi, Analyse-Manager) ist möglich, die weiteren Module können dann im Testbetrieb laufen.

Das Programm startet mit einem Login, der die Auswahl der zu bearbeitenden Datenbank sowie die Anmeldung bei der Software entsprechend den festgelegten Rechten ermöglicht. Danach erscheint der nachfolgende Startbildschirm.

Abbildung 4.1:
Startbildschirm von
Ablauf-Profi

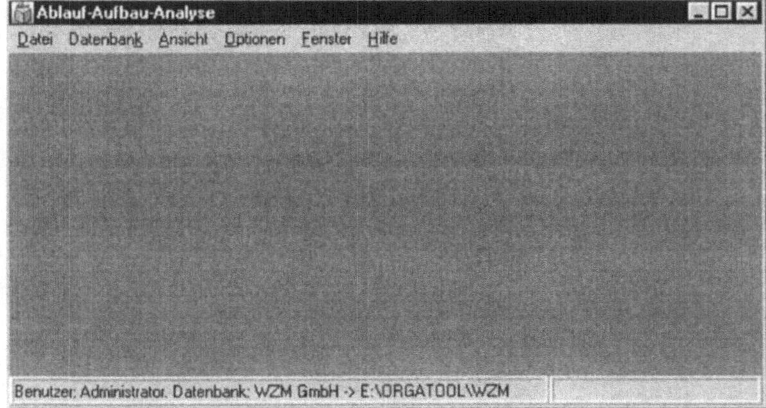

Die Menüs passen sich dynamisch an die jeweilige Darstellung an, d.h., es sind nur die jeweils relevanten Menüs sichtbar.

Das Menü Datei ermöglicht Öffnen und Neuanlegen von Abläufen, Katalogen, Organigrammen, Texten und Stellenbeschreibungen, weiterhin den Import von vorhandenen Dokumenten aus vorherigen Versionen des Ablaufprofi. Die vier zuletzt bearbeiteten Dokumente können sofort geöffnet werden.

Im Menü Datenbank befinden sich die wichtigsten Funktionen, um Abläufe und Aufbauten zu modellieren. Die Stammdaten definieren sämtliche verwendeten Objekte, die Zuordnungen ermöglichen das Definieren von Beziehungen zwischen diesen Objekten. Über den Menüpunkt „Dokument" lassen sich die erstellten Abläufe, Kataloge, Organigramme und Stellenbeschreibungen verwalten. In diesem Menü sind der Report- und der SQL-Manager zu finden. Ebenso sind hier ein Wechsel der Datenbank, das Neuanmelden unter einem geänderten Login sowie die Vergabe von Rechten für einzelne Nutzer möglich.

Unter dem Menüpunkt „Ansicht" können, je nach bearbeitetem Dokument, unterschiedliche Tastenleisten ein- bzw. ausgeblendet werden.

Die Optionen ermöglichen allgemeine Voreinstellungen sowie Vorgaben für Kataloge, Organigramme und Abläufe (z.B. Ansichten, Numerierung, Schriftstile).

Stammdaten

Basis der Software ist ein Datenbanksystem zur Verwaltung der Stammdaten, das von allen drei Programmmodulen genutzt wird. Aufbauend auf diesen Stammdaten werden sämtliche Modelle und Auswertungen generiert. Der systematischen Vorbereitung der Dateneingaben kommt eine große Bedeutung zu, um unnötige Mehrarbeit zu vermeiden. So ist z.B. bei der Neuanlage von Stellen das Kopieren von Aufgaben, Kompetenzen, Sachmitteln, Anforderungen und Informationen möglich. Folgende Daten werden als Stammdaten erfaßt: Projekte, Organisatorische Einheiten, Aufgaben, Stellen, Personen, Sachmittel, Kompetenzen, Formulare, Anforderungen, Funktionen, Informationen und Benutzer. Alle erfaßten Stammdaten verfügen mindestens über die folgenden Eigenschaften: Kürzel, Beschreibung und erläuternder Text.

Dazu kommen dann die objektspezifischen Eigenschaften, die in den jeweiligen Zusammenhängen nachfolgend erläutert werden sollen.

Zur besseren Übersichtlichkeit können die einzelnen Objekte in den Stammdaten hierarchisiert werden. Diese Abstufungen dienen teilweise gleichzeitig als Vorgabe für Auswertungen, so z.B. für die hierarchische Einordnung von Stellen.

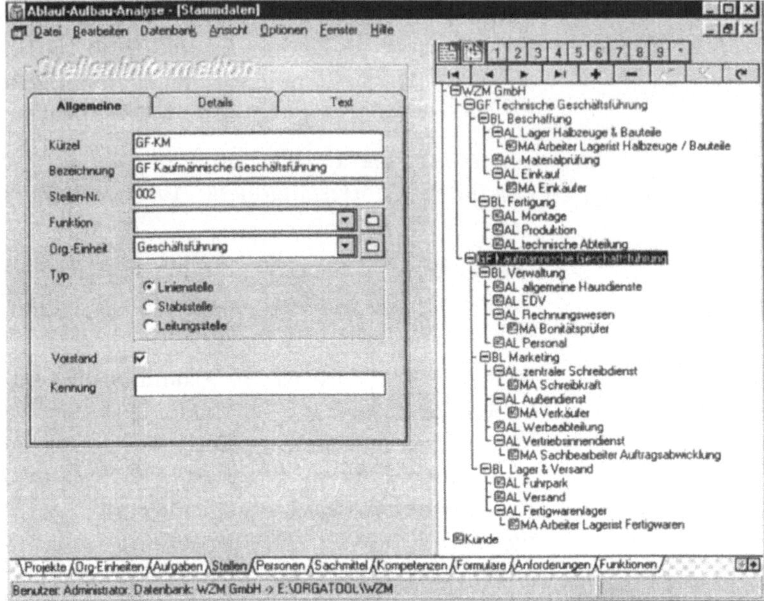

Zusätzlich zu diesen Hierarchisierungen lassen sich die einzelnen Objekte über Zuordnungen miteinander verknüpfen. Hier werden z.B. Personen Stellen zugeordnet, Fachvorgesetzte und Unterstellte festgelegt. Diese Zuordnungen erfordern einen sehr hohen Aufwand, da weder eine automatische Festlegung, z.B. anhand der Hierarchisierungen in den Stammdaten, noch eine automatische Abfrage der relevanten Zuordnungen, z.B. beim Neuanlegen einer Stelle: Vorgesetzte, Unterstellte, Kompetenzen, Aufgaben, Sachmittel, usw. erfolgen.

Abbildung 4. 3:
Zuordnungen (hier:
Stellen - Fachunter-
stellte)

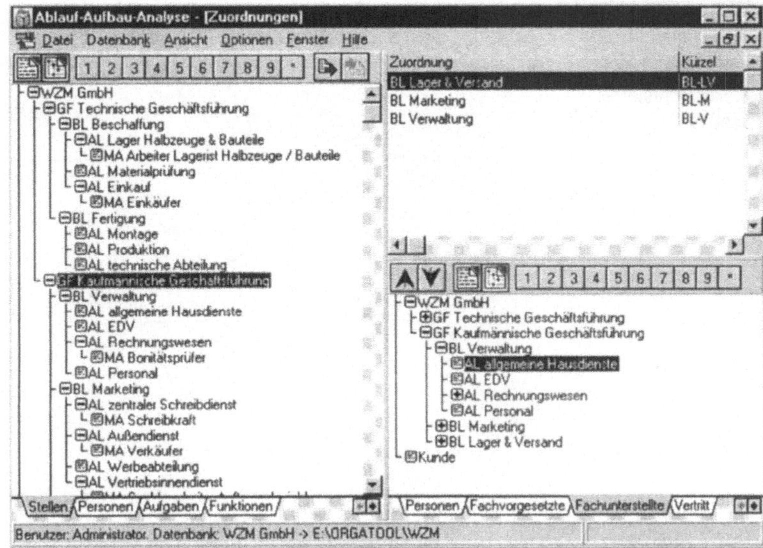

Ebenso aufwendig gestaltet sich die Pflege der Stammdaten (z.B.
neuer einheitlicher Tageskostensatz für alle Bereichsleiter), da
Referenzobjekte oder die Vererbung von Eigenschaften nicht
vorgesehen sind.

Besonders zu beachten ist, daß sämtliche Dokumente, die auf
diesen Stammdaten basieren, z.B. Organigramme, Stellenbeschreibungen, Analysen usw. vor dem jeweiligen Ausdruck aktualisiert bzw. neu erstellt werden müssen, da die Software zwar
die Möglichkeit bietet, einmal erstellte Dokumente zu speichern
und so für Reports verfügbar zu halten, eine automatische Aktualisierung jedoch nicht erfolgt.

Dokumenten-
Datenbank

Neben der Datenbank mit den Stammdaten baut die Software
auf einer Datenbank zur Verwaltung von Dokumenten auf.
Sämtliche Abläufe, Kataloge, Organigramme und Stellenbeschreibungen werden hier zentral verwaltet. Zu jedem Dokument kann ein Name und eine Kennung eingegeben werden.
Projekt, Autor und organisatorische Einheit können aus den
Stammdaten ausgewählt werden. Erstellungs- und Änderungs-
datum des jeweiligen Dokuments werden vom System eingetra-
gen, die Gültigkeitsdauer läßt sich festlegen. Zusätzlich können
für jedes Dokument Texte hinterlegt werden (Sachgebiet, Betreff,
Kapitel und freier Text). Ergänzend kommen bei den Abläufen
weitere Kennzeichen für Unterabläufe, Mengen, Zeiten und Fixkosten hinzu.

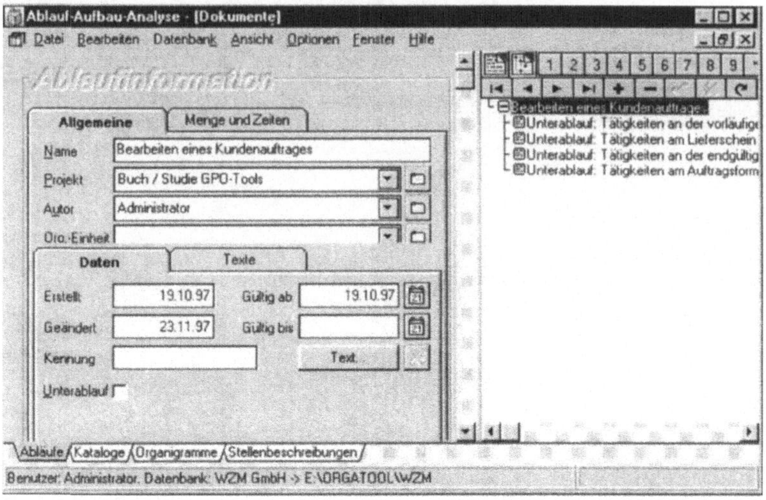

Abbildung 4.4:
Ablaufinformationen
(hier: hierarchisierte
Ansicht)

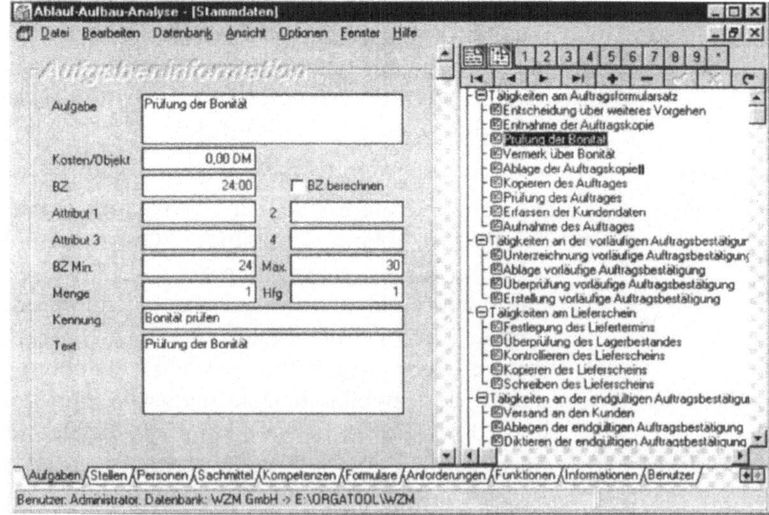

4.2   Aufgabenanalyse

Eingabe

Die Eingabe von Aufgaben erfolgt in den Stammdaten. Die Aufgaben können durch das Einfügen von Ordnern hierarchisiert werden. Eine inhaltliche Bedeutung liegt dieser Abstufung jedoch nicht zugrunde, d.h., eine echte Analyse der Aufgabe findet nicht statt.

Abbildung 4.5:
Aufgaben-
informationen (hier:
hierarchisierte
Ansicht)

Eigenschaften

Im Stammdatenbereich können neben dem Namen einer Aufgabe Bearbeitungszeiten (Minimum, Maximum, angenommener Wert), aufgabenfixe Kosten, Mengen und Häufigkeiten hinterlegt werden. Die Vergabe von bis zu vier Attributen (z.B. Art der Tätigkeit, Wertschöpfung) ermöglichen Selektionen im Report- und Analyse-Manager.

Integration

Die in den Stammdaten hinterlegten Aufgaben stehen sowohl zur Prozeßmodellierung als auch zur Erstellung von Stellenbeschreibungen zur Verfügung.

4.3   Prozeß

Die Modellierung und Darstellung von Abläufen ist eines der Haupteinsatzfelder des Programms. Jede einzelne Aufgabe muß vor der Prozeßmodellierung in den Stammdaten hinterlegt werden. Für übergeordnete Aufgaben ist die automatische Berechnung der Bearbeitungszeit als Summe der Bearbeitungszeiten der untergeordneten Aufgaben möglich. Zu Zwecken der Analyse kann jedem Prozeß eine Analysemenge in Stück, bezogen auf eine Zeiteinheit (Stunde, Tag, Woche, Monat, Quartal, Halbjahr, Jahr), vorgegeben werden.

Abbildung 4. 6:
Ausschitt aus der
Folgestruktur-Ansicht

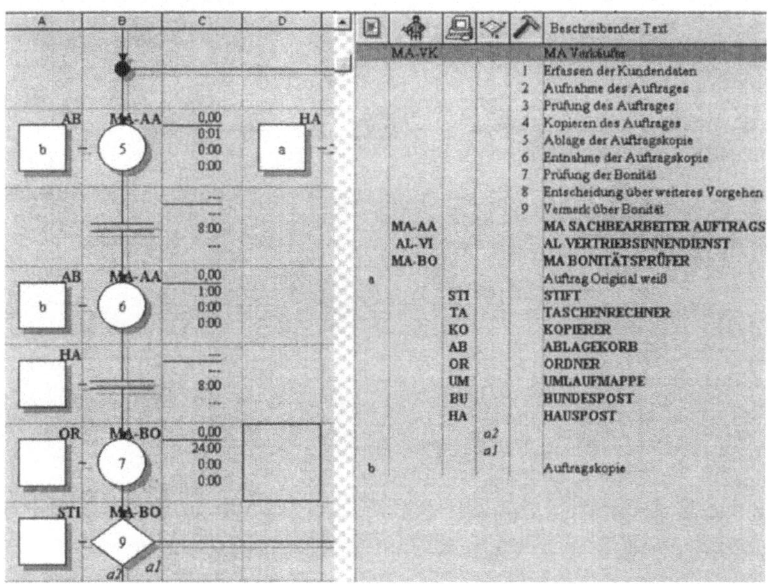

Eingabe

Nach Eingabe der Informationen zum Ablauf (Name, Projekt, Gültigkeit usw.) erfolgt die Erstellung eines neuen Ablaufs in den Ansichten „Folgestruktur" oder „Folgeplan" durch Drag and Drop.

In der Folgestruktur ist der Bildschirm in zwei Spalten aufgeteilt. Die linke Spalte bildet den Prozeß grafisch ab, während in der rechten Spalte die inhaltliche Zuordnung dargestellt wird. Zur Modellierung eines Prozesses stehen ein Reihe von Symbolen zur Verfügung die durch Drag and Drop in das Gitter eingefügt werden können. Das Einfügen der Symbole und deren Verbindung erfolgt dabei zunächst ohne inhaltliche Zuordnung aus den Stammdaten.

Ein Ablauf muß mindestens aus einem Symbol, einer zugeordneten Aufgabe und einer Senke bestehen. Es stehen alle für eine derartige Aufgabe benötigten Symbole zur Verfügung: Internes und externes Element, Sachmittel, Information, Bedingung, Und-Verzweigung, Oder-Verzweigung, interne Senke, interne Quelle, zeitliche Unterbrechung, Abbruch, Datei, Konnektor, Listausgabe, Text und Unterablauf. Aus der Tastenleiste kann man die Symbole anwählen und grafisch strukturieren.

Abbildung 4. 7:
Ausschnitt aus der
Folgeplan-Ansicht

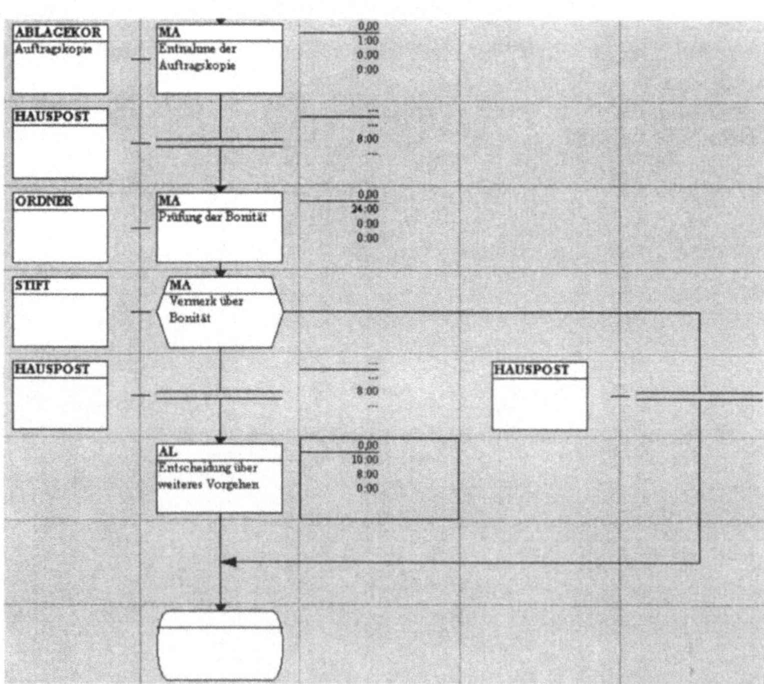

Die Gestaltung eines Prozesses mit mehreren Ausgängen ist unkompliziert; problematisch ist aber die Begrenzung des Prozesses auf eine Quelle. So kann ein Prozeß mit mehreren Eingängen (z.B. Auftragsannahme per Telefon, Fax oder Brief) nicht modelliert werden. Nach der Modellierung sollte man den Status des Prozesses überprüfen. Sofern das Modell logisch richtig eingegeben wurde, zeigt das Statusfenster folgende Informationen: Quellen / Eingänge, Senken / Ausgänge, Oder- / Und-Verzweigungen und Verknüpfungen, Rückkopplungen, die Anzahl der Symbole und die Astdurchlaufzeit und -häufigkeit. Die Statusangaben eines integrierten Unterablaufes werden dabei nicht berücksichtigt.

Verknüpfungen

Für die Zuordnung der Stammdaten zu den einzelnen Symbolen steht der Butler zur Verfügung. Er ermöglicht die schnelle Auswahl der Stammdaten und die Zuordnung durch Drag and Drop. Dabei ist zu beachten, daß dem Prozeß nicht alle im Butler angezeigten Objekte zugeordnet werden können. So kann z.B. Aufgaben keine einzelne Person zugeordnet werden, sondern nur die entsprechende Stelle.

Abbildung 4. 8:
Butler (hier: Zuordnung von Aufgaben)

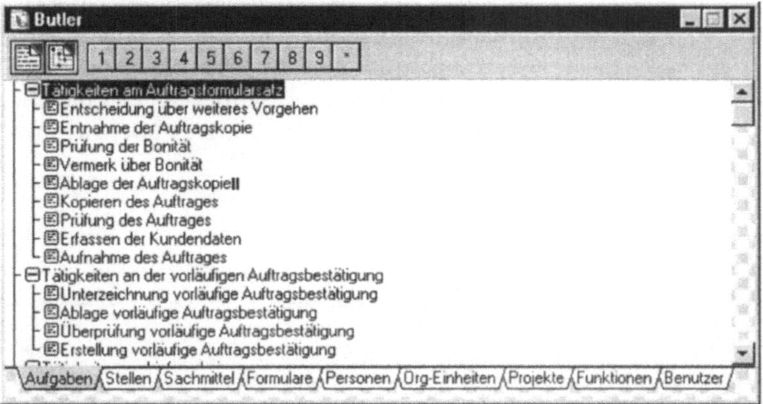

Die einzelnen Objekte eines Ablaufs lassen sich automatisch oder manuell verknüpfen. Einzelne Aufgaben werden durch Verknüpfen in eine logische Reihenfolge gebracht, zugeordnete Objekte werden durch Anbinden mit in den Prozeß integriert. Zu jedem Objekt kann außerdem eine OLE-Verknüpfung oder eine Befehlszeile hinterlegt werden. Diese werden aber erst beim Doppelklick auf das Objekt aktiviert. Eine Einbindung, z.B. von Grafiken zur besseren Übersichtlichkeit, wird zwar vom Programm verwaltet, aber weder während der Bearbeitung noch beim Ausdruck dargestellt.

Die Frage der Konsistenz der Objekte (z.B. welche Formulare gehen in den Prozeß ein, welche gehen heraus?) muß manuell geprüft werden, da dies softwareseitig nicht erfolgt.

UND und ODER bilden die beiden Verzweigungsmöglichkeiten zur Prozeßmodellierung und stehen als Symbol zur Auswahl. Da sich die Prozeßmodellierung an einem Gitter orientiert, können für die Verzweigungen nur vier Anknüpfungspunkte erzeugt werden. D.h., höchstens drei eingehende bzw. drei ausgehende Verbindungen sind abzubilden, wodurch die Freiheit der Modellierung deutlich eingeschränkt wird. Eine Kombination aus einer UND- und ODER-Verzeigung ist nicht möglich.

Darstellung

Neben dem Folgeplan und der Folgestruktur stehen geblockter Text und Tabelle als Darstellungsvarianten zur Verfügung. Der Wechsel zwischen den verschiedenen Ansichten ist auch während der Bearbeitung möglich, da diese automatisch aktualisiert werden. Zoomfunktionen ermöglichen eine bedarfsgerechte Darstellung auf dem Bildschirm. Einzelne Symbole können farbig gestaltet und präsentationsreif aufbereitet werden. Farbeinstellungen können in den Darstellungen Folgestruktur und Folgeplan vorgenommen werden. Ebenso ist es möglich, die Symbole unterschiedlich zu schraffieren. Farben und Muster können von einem Symbol auf ein anderes übertragen werden.

Abbildung 4.9:
Ansicht Tabelle

lfd.Nr.	Pos	St	Sm	St/Sm Text	Frm	Ag	Bed	Frm/Ag/Bed Text	BZ	LZ	TZ
1	A2		Sti	Stift							
2	B2	MA-VK		MA Verkäufer	1			Erfassen der Kundendaten	20:00	0:00	0:00
3	C2		Ta	Taschenrechner							
4	A3		Sti	Stift							
5	B3	MA-VK		MA Verkäufer	2			Aufnahme des Auftrages	6:00	0:00	1440:00
6	C3		Ta	Taschenrechner							
7	A4		Bu	Bundespost		a		Auftrag Original weiß			
8	B4									24:00	
9	B5	MA-AA		MA Sachbearbeiter A	3			Prüfung des Auftrages	10:00	0:00	0:00
10	A6		Ko	Kopierer		a		Auftrag Original weiß			
11	B6	MA-AA		MA Sachbearbeiter A	4			Kopieren des Auftrages	5:00	0:00	0:00
12	A8		Ab	Ablagekorb		b		Auftragskopie			
13	B8	MA-AA		MA Sachbearbeiter A	5			Ablage der Auftragskopie	0:01	0:00	0:00
14	D8		Ha	Hauspost		a		Auftrag Original weiß			
15	E8									0:00	
16	B9									6:00	
17	A10		Ab	Ablagekorb		b		Auftragskopie			
18	B10	MA-AA		MA Sachbearbeiter A	6			Entnahme der Auftragskopie	1:00	0:00	0:00
19	A11		Ha	Hauspost							
20	B11									8:00	
21	A12		Or	Ordner							
22	B12	MA-BO		MA Bonitätsprüfer	7			Prüfung der Bonität	24:00	0:00	0:00
23	A13		Sti	Stift							
24	B13	MA-BO		MA Bonitätsprüfer	9			Vermerk über Bonität	3:00	0:00	0:00
25						a1					

Abbildung 4.10:
Ansicht Geblockter
Text

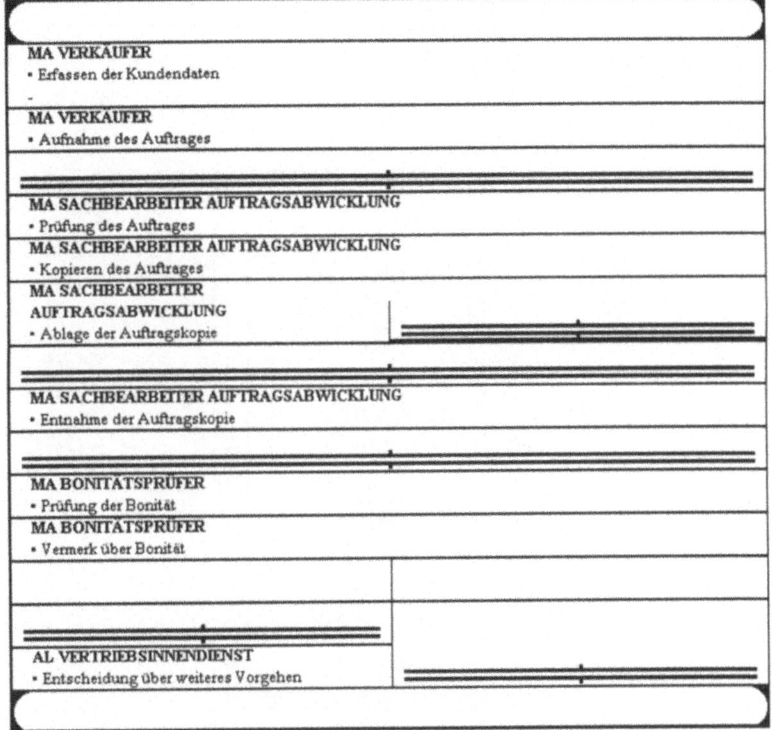

Komplexe Prozesse können in Teilabläufe zerlegt werden, auch
über mehrere Ebenen. Diese Teilprozesse sind dann jeweils separat zur Bearbeitung und Analyse verfügbar.

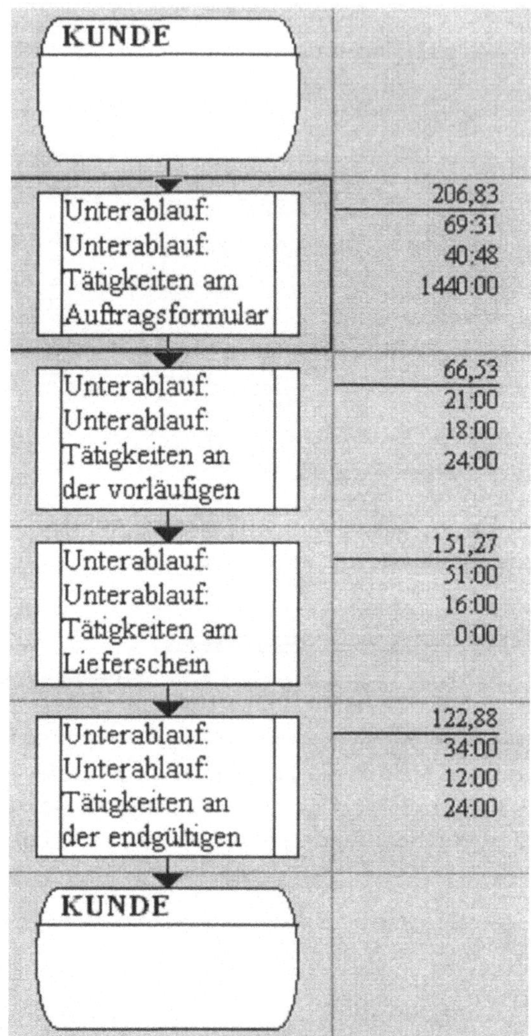

4.4 Informations-/Datenmodell

Informationen können in die Stammdaten mit aufgenommen
werden. Eine direkte Zuordnung von Informationen zum Ablauf
ist nicht möglich. In den Stammdaten können die Informationen
durch das Einfügen von Ordnern strukturiert werden. Die Informationen können nur den einzelnen Funktionen oder Stellen
zugeordnet werden.

Das Programm prüft nicht, ob die im Prozeß verwendeten Informationen in der richtigen Reihenfolge verwendet werden. Ei-

ne Datenmodellierung kann mit dem Ablauf-Profi nicht durchgeführt werden.

4.5 Aufbauorganisation

Eingabe

Die einzelnen Stellen der Aufbauorganisation werden in den Stammdaten erfaßt.

Eigenschaften

Neben dem Kürzel und einer Bezeichnung können aus den Stammdaten eine Funktion und eine organisatorische Einheit zugewiesen werden. Der Typ der Stelle (Linien-, Stabs- oder Leitungsstelle) sowie Vorstandspositionen, werden erfaßt. Zu den Details der Stellen zählen die Nettoarbeitszeit pro Tag, der Tageskostensatz, die Kostenstelle, die Arbeitszeit pro Woche und weitere Informationen, z.B. die Art und Höhe der Vergütung, die Telefonnummer, sowie Bemerkungen und ergänzender Text. Innerhalb der Stammdaten kann per Drag and Drop die Hierarchie der einzelnen Stellen innerhalb des Unternehmens festgelegt werden. Zu den Stellen können über das Zuordnungsmenü die entsprechenden Personen, Vertreter und Vertretene, Kompetenzen und Anforderungen hinterlegt werden. Ebenso werden Fachvorgesetzte und Fachunterstellte hinterlegt, unabhängig von der Anordnung innerhalb der Unternehmenshierarchie. Eine automatische Zuordnung, z.B. die fachliche Unterstellung entsprechend der hierarchischen Einordnung, ist nicht möglich.

Darstellung

Die Erstellung von Organigrammen läuft weitgehend entsprechend den abgefragten Benutzereingaben. Zuerst ist der Typ des Organigramms festzulegen. Zur Auswahl stehen Organigramme aus Organisationseinheiten, aus Stellen, aus Organisationseinheiten und Stellen sowie leere Organigramme. Danach wird die Eingabe der 1. Stelle abgefragt. Das Organigramm kann also auch bei einem einzelnen Bereichsleiter beginnen und nur seinen Bereich darstellen. Um die Übersichtlichkeit weiter zu erhöhen, ist die Begrenzung auf 1 bis 10 Ebenen möglich. Die Zweige des Organigramms lassen sich in Pyramiden- oder Säulenform anordnen, eine Zuweisung von Stellen als Stab ist möglich. Im Organigramm können freie Textfelder hinzugefügt werden, ebenso ist eine Anpassung der Abmessungen der einzelnen Einheiten möglich. Eine Aktualisierung oder Ergänzung der Stammdaten zieht auch hier eine Neuerstellung der Organigramme nach sich, da diese nicht automatisch aus dem aktuellen Datenbestand aktualisiert werden. Die Verwaltung der verschiedenen Organigramme erfolgt in der Dokumentendatenbank anhand des Namens des Organigramms und der zusätzlich einzugebenden

Daten Erstellungs- und Gültigkeitsdatum sowie der Kennung. Die einzelnen Felder des Organigramms können im Layout (Farben, Zeilen, Spalten) an die Unternehmensvorgaben angepaßt und als Vorlage gespeichert werden. Zur Anpassung der Inhalte des Organigramms ist leider keine Anleitung verfügbar.

Die im Rahmen der Aufbauorganisation erfaßten Inhalte stehen der Prozeßmodellierung nur bedingt zur Verfügung. Bei der Prozeßmodellierung besteht über den Butler nur die Möglichkeit, Stellen den einzelnen Prozeßschritten als Bearbeiter zuzuordnen, d.h., Personen oder organisatorische Einheiten können dem Prozeß nicht zugeordnet werden.

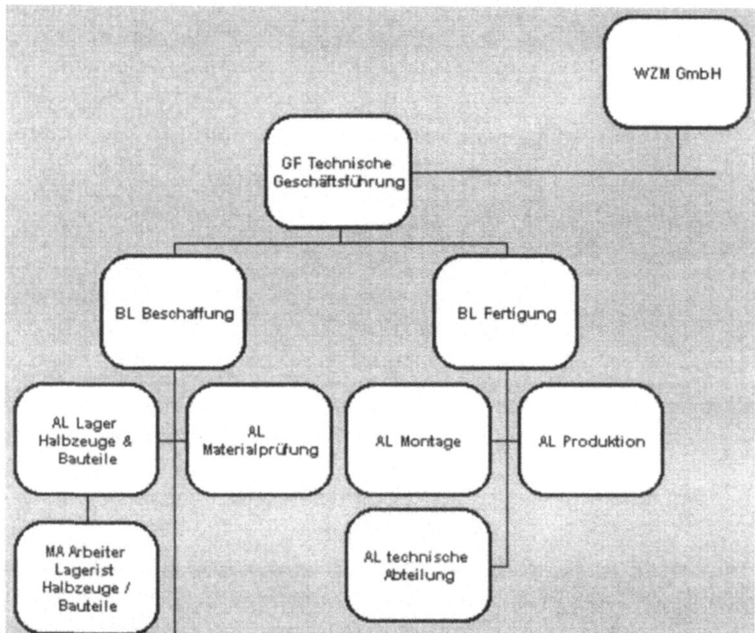

Abbildung 4.12: Organigramm der WZM GmbH (hier in Säulenform)

Stellenbeschreibung:

Stellenbeschreibungen können nach der Definition einer Vorlage weitgehend automatisch erstellt werden. Dort lassen sich folgende Eigenschaften darstellen: Anforderungen, Aufgaben, Informationen, Sachmittel, Kompetenzen, Stelleninhaber und Abläufe. Die Eigenschaften Vertreter, Vertretene, Fachvorgesetzte, Unterstellte, Vorgesetzte und Unterstellte lassen sich sowohl mit der entsprechenden Stellen, als auch mit dem zugeordneten Mitarbeiter in die Stellenbeschreibung aufnehmen. Neben diesen Kriterien, die aus den Stammdaten generiert werden, lassen sich das Ziel der Stelle, spezielle Anforderungen (Berufs- und Führungserfahrung, Alter, Ausbildung) und manuelle Angaben separat hinterlegen. Diese, an die jeweiligen Erfordernisse angepaßten Stellenbeschreibungen, können als Vorlage gespeichert werden. Weitere Stellenbeschreibungen können anhand der Vorlage sehr schnell aus den Stammdaten erstellt werden. Die Ausgabe der Stellenbeschreibungen erfolgt als Beschreibung sowie als Anforderungsprofil.

Abbildung 4.13:
Stellenbeschreibung

	Druckdatum: 08.12.97
Stellenbeschreibung	

Stelle: BL. Beschaffung			**Kürzel: BL-B**
Stelleninhaber:	Name: Danner	Vorname: Manfred	
	Personal-Nr.: 003	Telefon:	
	Kostenstelle:	Titel: BL. Beschaffung	
Stelleninhaber	Manfred Danner		
Vorgesetzter (gem. Hierarchie)	GF Technische Geschäftsführung		
Unterstellte (gem. Hierarchie)	AL Lager Halbzeuge & Bauteile AL Materialprüfung AL Einkauf		
Fachvorgesetzte (Zuordnungen)	GF Technische Geschäftsführung		
Fachunterstellte (Zuordnungen)	AL Einkauf AL Materialprüfung AL Lager Halbzeuge & Bauteile		
Vertritt			
Vertreter			
Beschreibung 8			
Beschreibung 9			
Beschreibung 10			
Beschreibung 11			
Beschreibung 12			
Datum:	Erstellt: 02.11.97 Geändert: 08.12.97	Gültig ab: 02.11.97 bis	
Unterschriften von	_________ Stelleninhaber	_________ Vorgesetzter	
		Seite 1 / 1	

4.6   Sachmittel

Sachmittel können als eigenständige Kategorie in den Stammdaten erfaßt werden. Das Modell erfaßt neben der Bezeichnung, einem Kürzel und ergänzendem Text, Abschreibungszeiträume, Preise, Restwerte, Tageskostensätze und tägliche Nutzungszeiten. Anhand des Kaufdatums sind weitere Datenbankabfragen möglich. Die Integration in den Prozeß läuft über die Anbindung des entsprechenden Symbols an ein Objekt im Prozeß. Diesem Symbol kann das Sachmittel mit den hinterlegten Informationen zugeordnet werden.

4.7   Dimensionen

4.7.1   Zeit

Die Dimension Zeit kann in verschiedenen Ausprägungen hinterlegt werden. Für jede Aufgabe lassen sich Bearbeitungs-Transport- und Liegezeiten hinterlegen. In den Stammdaten kann die Bearbeitungszeit sowie je ein Minimal- und ein Maximalwert der Bearbeitungszeit hinterlegt werden.

Während der Prozeßmodellierung ist die Eingabe von Bearbeitungs-, Transport, und Liegezeiten mit dem Inspektor möglich.

Abbildung 4.14:
Inspektor

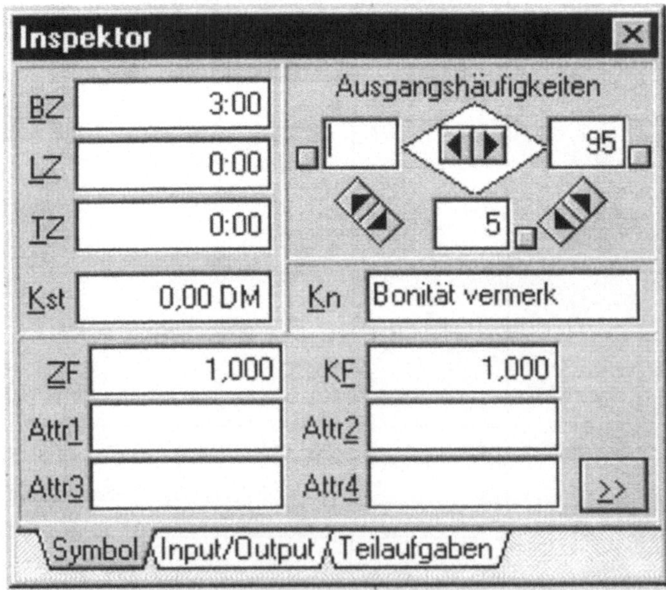

Andere Zeiten (z.B. Rüsten) müssen durch Einfügen separat definierter Aufgaben oder zeitlicher Unterbrechungen mit zugeordneten Objekten ersetzt werden (z.B. Sperrzeiten für Sachmittel).

4.7.2   Menge

Die Menge der Objekte, die den Ablauf in der angegebenen Zeit durchlaufen sollen, kann als Voreinstellung für alle Abläufe in den Optionen festgelegt werden. Die Menge der Objekte je Zeiteinheit kann auch auf den einzelnen Ablauf hinterlegt werden. Auf die einzelne Aufgabe bezogen, können die Menge und die Häufigkeit hinterlegt werden. Eine Standardvorgabe bzw. eine Vererbung von Eigenschaften ist nicht möglich.

4.7.3   Kosten

Die Zuordnung von Kosten ist für die folgenden Objekte möglich:

Aufgaben: Kosten pro Objekt (z.B. Porto, Material)
Stellen: Tageskostensatz, Nettoarbeitszeit pro Tag und Wochenarbeitszeit
Sachmittel: Kostensatz und Nutzungszeit pro Tag

Diese zugeordneten Kosten werden entsprechend der Aufgabe in die Analysen und in die Prozeßkostenrechnung übernommen. Eine umfassende Prozeßkostenrechnung auf der Basis einer Kostenstellenrechnung ist nicht möglich.

4.8   Analyse

Die Ablauf-Aufbau-Analyse ermöglicht vielfältige Analysen. Die Methodik dieser Software erfordert auch hier wieder eine gründliche Strukturierung der Analyse. Am sinnvollsten ist es, sofort nach der Modellierung eines Prozesses eine Analyse durchzuführen, da erst dann sämtliche Kennzahlen auch in die Analysen übernommen werden. Gerade bei Prozessen mit mehreren Unterprozessen ist dieses Vorgehen unumgänglich, da sonst die Ergebnisse nicht aus den aktuellen Daten abgeleitet sind. Analysiert werden Zeiten und Mengen.

Abbildung 4.15:
Analyse Mengen und
Zeiten

Aufgabentext	Aufgabenzeiten				Durchschnitt		Hauptast		gewichtete Zeiten			
	BZ	LZ	TZ	DZ	Hfg in %	Menge	Hfg in %	Menge	BZ	LZ	TZ	DZ
Erfassen der Kundendaten	20:00	0:00	0:00	20:00	100,00	100,00	100,00	100,00	20:00	0:00	0:00	20:00
Aufnahme des Auftrages	6:00	0:00	440:00	446:00	100,00	100,00	100,00	100,00	6:00	0:00	440:00	446:00
Zeitliche Unterbrechung	0:00	24:00	0:00	24:00	100,00	100,00	100,00	100,00	0:00	24:00	0:00	24:00
Prüfung des Auftrages	10:00	0:00	0:00	10:00	100,00	100,00	100,00	100,00	10:00	0:00	0:00	10:00
Kopieren des Auftrages	5:00	0:00	0:00	5:00	100,00	100,00	100,00	100,00	5:00	0:00	0:00	5:00
Ablage der Auftragskopie	0:01	0:00	0:00	0:01	100,00	100,00	100,00	100,00	0:01	0:00	0:00	0:01
Zeitliche Unterbrechung	0:00	8:00	0:00	8:00	100,00	100,00	100,00	100,00	0:00	8:00	0:00	8:00
Entnahme der Auftragskopie	1:00	0:00	0:00	1:00	100,00	100,00	100,00	100,00	1:00	0:00	0:00	1:00
Zeitliche Unterbrechung	0:00	8:00	0:00	8:00	100,00	100,00	100,00	100,00	0:00	8:00	0:00	8:00
Prüfung der Bonität	24:00	0:00	0:00	24:00	100,00	100,00	100,00	100,00	24:00	0:00	0:00	24:00
Vermerk über Bonität	3:00	0:00	0:00	3:00	100,00	100,00	100,00	100,00	3:00	0:00	0:00	3:00
Zeitliche Unterbrechung	0:00	8:00	0:00	8:00	5,00	5,00			0:00	0:24	0:00	0:24
Zeitliche Unterbrechung	0:00	0:00	0:00	0:00	95,00	95,00	95,00	95,00	0:00	0:00	0:00	0:00
Entscheidung über weiteres Vorgehen	10:00	8:00	0:00	18:00	5,00	5,00			0:30	0:24	0:00	0:54
Zeitliche Unterbrechung	0:00	0:00	0:00	0:00	100,00	100,00	100,00	100,00	0:00	0:00	0:00	0:00
Summe:	----	----	----	----	----	----	----	----	69:31	40:48	440:00	550:19

Zum anderen lassen sich Teilstrukturen nach Personal-, Sach-
mittel- und Objektkosten sowie Mengen, Zeiten und Gesamtkosten analysieren.

Ausführlichere Kennwerte ermittelt der Analyse-Manager. Dieser
ermittelt auf die jeweilige Unternehmensebene bezogen Mitar-
beiterkapazitäten und Informationsflüsse. Die eigentliche Analyse
ermittelt Kosten und Zeiten, bezogen auf die jeweilige Aufgabe,
auch unter Berücksichtigung von Teilstrukturen. Ein Grafikmodul
ermöglicht die Darstellung der einzelnen Zeiten und Kosten des
Prozesses.

Abbildung 4.16:
Analyse-Manager

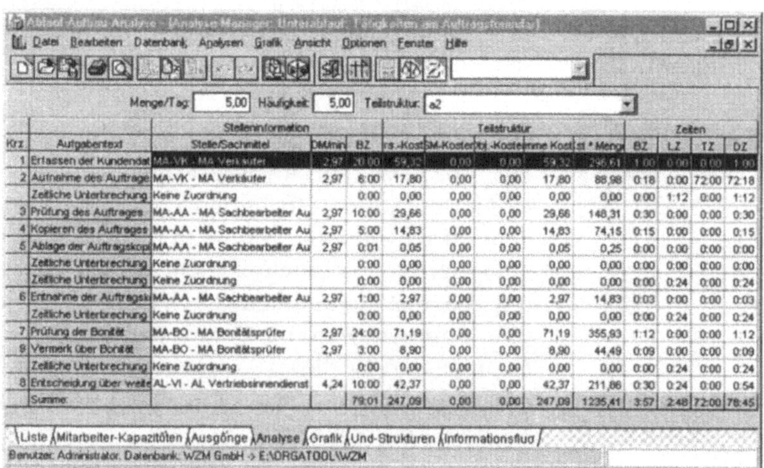

Krz	Aufgabentext	Stelleninformation			Teilstruktur					Zeiten			
		Stelle/Sachmittel	DM/min	BZ	Pers.-Kost	SM-Kosten	Obj.-Kosten	Summe Kost	Kost * Menge	BZ	LZ	TZ	DZ
1	Erfassen der Kundendaten	MA-VK - MA Verkäufer	2,97	20:00	59,32	0,00	0,00	59,32	296,61	1:00	0:00	0:00	1:00
2	Aufnahme des Auftrages	MA-VK - MA Verkäufer	2,97	6:00	17,80	0,00	0,00	17,80	88,98	0:18	0:00	72:00	72:18
	Zeitliche Unterbrechung	Keine Zuordnung		0:00	0,00	0,00	0,00	0,00	0,00	0:00	1:12	0:00	1:12
3	Prüfung des Auftrages	MA-AA - MA Sachbearbeiter Au	2,97	10:00	29,66	0,00	0,00	29,66	148,31	0:30	0:00	0:00	0:30
4	Kopieren des Auftrages	MA-AA - MA Sachbearbeiter Au	2,97	5:00	14,83	0,00	0,00	14,83	74,15	0:15	0:00	0:00	0:15
5	Ablage der Auftragskopie	MA-AA - MA Sachbearbeiter Au	2,97	0:01	0,05	0,00	0,00	0,05	0,25	0:00	0:00	0:00	0:00
	Zeitliche Unterbrechung	Keine Zuordnung		0:00	0,00	0,00	0,00	0,00	0,00	0:00	0:00	0:00	0:00
	Zeitliche Unterbrechung	Keine Zuordnung		0:00	0,00	0,00	0,00	0,00	0,00	0:00	0:24	0:00	0:24
6	Entnahme der Auftragskopie	MA-AA - MA Sachbearbeiter Au	2,97	1:00	2,97	0,00	0,00	2,97	14,83	0:03	0:00	0:00	0:03
	Zeitliche Unterbrechung	Keine Zuordnung		0:00	0,00	0,00	0,00	0,00	0,00	0:00	0:24	0:00	0:24
7	Prüfung der Bonität	MA-BO - MA Bonitätsprüfer	2,97	24:00	71,19	0,00	0,00	71,19	355,93	1:12	0:00	0:00	1:12
9	Vermerk über Bonität	MA-BO - MA Bonitätsprüfer	2,97	3:00	8,90	0,00	0,00	8,90	44,49	0:09	0:00	0:00	0:09
	Zeitliche Unterbrechung	Keine Zuordnung		0:00	0,00	0,00	0,00	0,00	0,00	0:00	0:24	0:00	0:24
8	Entscheidung über weiteres	AL-VI - AL Vertriebsinnendienst	4,24	10:00	42,37	0,00	0,00	42,37	211,86	0:30	0:24	0:00	0:54
	Summe:			79:01	247,09	0,00	0,00	247,09	1235,41	3:57	2:48	72:00	78:45

4.9   Simulation

Die Simulation von Abläufen ist in dieser Software nicht vorgesehen.

4.10 Dateikommunikation

Report-Manager

Der Report-Manager bietet einen einfachen Zugriff auf die wichtigsten vorgefertigten Auswertungen zu den Abläufen (z.B. Aufgaben der Stelle, Ablaufstruktur mit Aufgaben), Listen zu den Stammdaten und Dokumenten (z.B. Personen, Projekte, Organigramme) und auf kombinierte Auswertungen (z.B. Stellen ohne Personenzuordnung).

Sämtliche Reports lassen sich ausdrucken oder in folgende Formate exportieren: txt, Cristal Reports, komma-, tab- und zeichengetrennte Daten, Excel-, Lotus, Quattro pro, Word- und Wordperfect-Format in verschiedenen Versionen.

Druckoptionen

Beim Ausdruck von Organigrammen besteht die Möglichkeit, die Ausgabe von 10% bis 400% zu skalieren oder auf die Seitengröße anzupassen. Beim Ausdruck ist das Hinterlegen von vorgefertigten Formularen möglich. Vor dem Ausdruck kann das Dokument in der Seitenansicht überprüft und ggf. geändert werden.

Der Ausdruck von Listen aus den Stammdaten ist entweder in Form vorgefertigter Listen aus dem Reportmanager oder über die Definition von SQL-Abfragen möglich.

Viewer

Der Viewer für Windows ist das Ergänzungsmodul zur Organisationssoftware Ablauf-Aufbau-Analyse. Der Dokumenten-Manager erzeugt Dokumente zur Darstellung im Viewer. Prozeß- und Organigrammdokumente können über Lotus Notes unternehmensweit verteilt und den Mitarbeitern elektronisch zur Verfügung gestellt werden. Prozeßdokumente, die in Ablauf-Aufbau-Analyse erstellt wurden, können in den Ansichten Folgestruktur, Folgeplan oder Geblockter Text exportiert und am Bildschirm eingesehen werden. Organigrammdokumente werden in den Ansichten Organigramminformation und Organigramm exportiert. Zusätzlich ist es möglich, eine allgemeine Dokumenteninformation, die mit der integrierten Textverarbeitung erstellt wird, für den Viewer zu exportieren. Des weiteren können auch Verknüpfungen zu anderen Dokumenten übernommen werden. Bitmap- und WMF-Grafiken können mit dem Viewer eingesehen werden. Ablauf-Aufbau-Analyse erlaubt u.a. die Erstellung von WMF-Grafiken der verschiedenen Dokumente. Der Viewer ermöglicht den Ausdruck der Dokumente. Die Suche nach bestimmten Dokumenten und das Durchsuchen von Dokumenten nach einem oder mehreren Kriterien ist möglich. Die Dokumente können zur Weiterverarbeitung mit anderen Windowsapplikationen zwischengespeichert werden. Eine Umsetzung der Dokumente in HTML ist noch nicht implementiert.

4.11   Projektmanagement

Das Tool ist multi-user fähig. Das Zusammenführen einzelner Dateien ist schwierig, da die einzelnen Dateien nicht separat dokumentiert sind. Eine Versionskontrolle ist nicht vorhanden, Zwischenstände der Arbeit lassen sich nur über eine separate Backup-Strategie sichern. Zur Dokumentation verfügt das Tool über ein Logbuch, in dem der jeweilige Nutzer, die jeweilige Tätigkeit und das bearbeitete Objekt erfaßt werden.

Abbildung 4.17:
Ausschitt aus dem
Logbuch

4.12   Sonstiges

Die Nutzung der Software gestaltet sich relativ problemlos. Die Darstellung der Symbole und Abläufe ist gut verständlich. Die Software arbeitet mit allen gängigen Bildschirmauflösungen zusammen. Probleme mit der Datenbank-Engine konnten kurzfristig durch ein Update beseitigt werden. Nachteilig wirken sich die hohen Anforderungen der Software an die Performance des Gesamtsystems aus. Durch lange Wartezeiten wird ein flüssiges Arbeiten behindert. Gerade am Anfang der Dateneingabe und Modellierung wäre eine „on the fly"-Datenerfassung sehr wünschenswert, da der Wechsel aus dem Prozeß in die jeweils neu anzulegenden Stammdaten umständlich abläuft.

Datenbank-Manager

Der Reorganisations-Assistent dieses Moduls hilft dabei, Datenbanken konsistent zu halten oder Indexfehler zu reparieren.

Import / Export aus anderen Tools / Datenbanken

In früheren Versionen von Ablauf- und Aufbau-Profi konnten Daten mit Hilfe einer Exportfunktion als Datei abgespeichert

werden. Mittels des Importbefehls können diese Dateien eingelesen werden. Des weiteren können exportierte Dokumente,
zum Beispiel ein einzelner Ablauf, wieder importiert werden
(Systemwechsel). Darüber hinaus ermöglicht der Import-Assistent
des Datenbank-Managers auch den Import von Daten aus anderen Anwendungen.

Abbildung 4.18:
Import-Assistent des
Datenbank-Managers

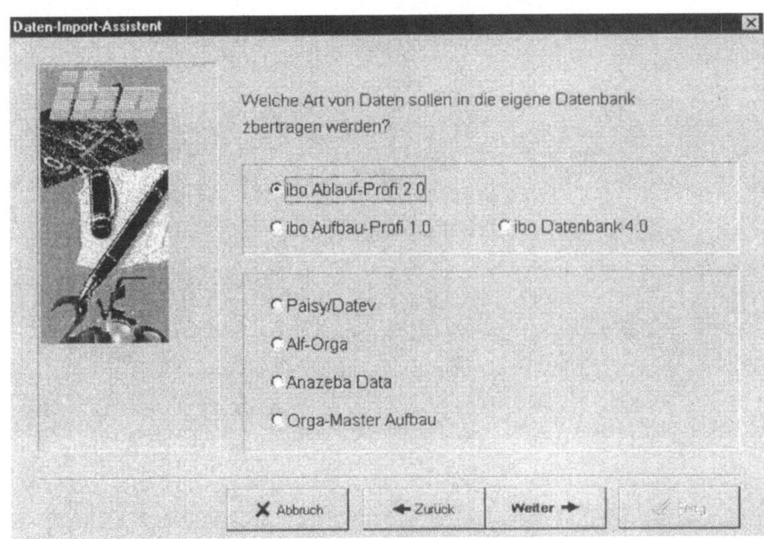

Zusätzliche Modelle /
Inhalte

Aufbauend auf der Datenbank von Aufbau-Ablauf-Analyse bietet
der Datenbank-Manager die Integration von optionalen Modulen
zur Mitarbeiter-, Stellen-, Termin-, Azubi- und Schlüsselverwal-
tung, sowie für Personalbeschaffung, -entwicklung und Perso-
nalkostenbudgetierung.

Benutzerverwaltung

Die Benutzerverwaltung wird auch über die Stammdaten realisiert. Der Administrator kann einzelne Nutzer anlegen und diesen spezifische Rechte zuweisen. Diese können sich auf bestimmte Funktionen beziehen, oder der Zugriff wird erst ab einer
bestimmten Ebene oder für ein bestimmtes Projekt ermöglicht.

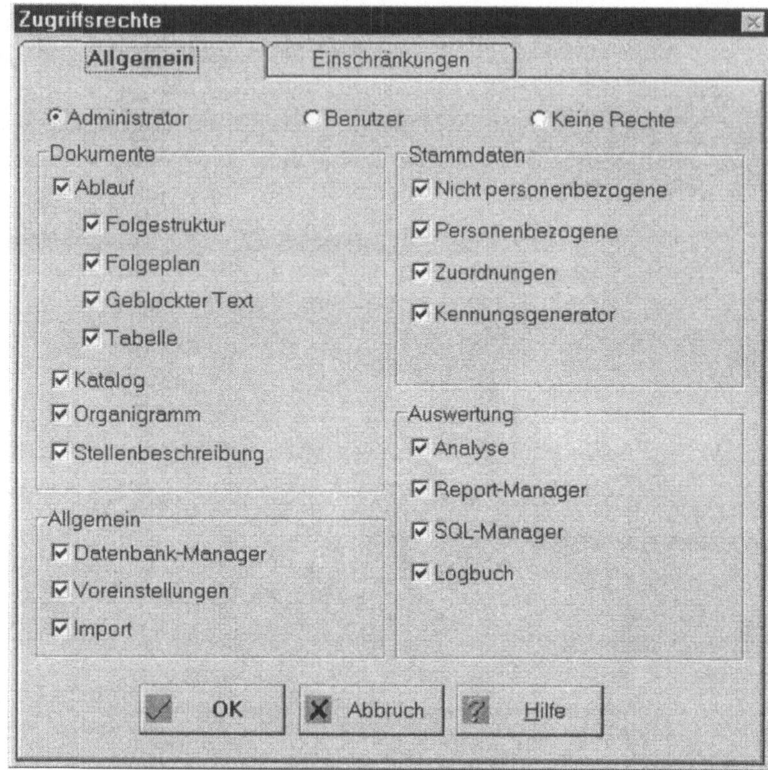

Leider ist der Datenbank-Manager nicht in dieses Sicherheitskonzept integriert. Ein Sichern von Tabellen gegen Einsichtnahme oder gegen Löschen ist somit nicht möglich.

5 AENEIS

5.1 Basisinformation

Die ipro Tool GmbH Stuttgart, eine Ausgründung der Fraunhofer Gesellschaft (FHG-IAO) und des Institutes für Wirtschaftsinformatik (IWI) Hannover, entwickelten das computergestützte Programm AENEIS. Für die Bearbeitung des Projektes wurde uns eine Vollversion der aktuellen Ausgabe AENEIS 3.3b des Jahres 1997 überlassen. Mit dem Release der 3.3b-Version ist es möglich, drei verschiedene Varianten von AENEIS zu erwerben, die sich dabei im Kaufpreis und in ihrer Ausstattung unterscheiden. Die Versionen werden als „Basis", „Standard" und „Professional" bezeichnet. Außerdem besteht die Möglichkeit, das Programm zu leasen.

Auf Anfrage kann bei der Firma ipro für vier Wochen ein kostenloser und unverbindlicher AENEIS-Test-KIT angefordert werden. Dieser Test-KIT enthält eine Vollversion (fünf Disketten) mit DONGLE, Handbuch und eine Informationsmappe. Diese enthält verschiedene Veröffentlichungen über AENEIS, Kundenliste und eine Kurzbeschreibung des Programmes. Durch den DONGLE wird ein Vervielfältigen verhindert. Für die Nutzung des Programmes ist ein gängiger PC ausreichend.

Der Hersteller sieht seine Einsatzbereiche in der Beratung, im Management, im Qualitätsmanagement, in der Organisation, im Informationsmanagement, im Controlling und im Personalmanagement. Daraus ergeben sich eine Vielzahl von Einsatzmöglichkeiten in einem Unternehmen, wie Geschäftsprozeßanalyse, -gestaltung, -simulation und -optimierung für den Bereich Beratung. Im Bereich Management besteht die Möglichkeit der Kostensenkung, Effizienzsteigerung, Business-Reengineering, Wertschöpfungsanalyse und die Identifikation von Kernkompetenzen. Unterstützung bei der Auditierung, Zertifizierung, Generierung eines QM-Handbuches nach DIN EN ISO 9000 ff bietet der Bereich Qualitätsmanagement. Im Einsatzbereich der Organisationsarbeit dient es zur Unterstützung der Organisationsgestaltung, der Erstellung von Organisationshandbüchern und von Stellen-

beschreibungen. Außerdem können unternehmensweite Datenmodelle, Informationsflußanalysen, und Anwendungsentwick-
lungen für den Bereich Informationsmanagement durchgeführt
werden. Im Bereich Controlling können Prozeßkosten erfaßt,
analysiert und optimiert werden. Die Möglichkeit zur Personal-
und Ressourcenplanung im Bereich Personalmanagement besteht
ebenfalls.

Für diesen umfangreichen Einsatzbereich des Programmes
wählte die Firma ipro Tool GmbH die objektorientierte Darstellungsweise. Dabei wird jedoch keine strenge Klassifizierung
verfolgt, was jedoch nicht das Arbeiten mit dem Programm behindert.

Beim Anlegen einer Datenbank legt das Programm ein Verzeichnis mit dem Namen des Modells an, innerhalb dessen die beiden
Arbeitsdateien objects.dat und objects.idx erzeugt werden. Die
beiden Dateien lauten immer objects.dat und objects.idx. Nach
Aufruf der Datenbank wird eine Modellübersicht geöffnet. Diese
Übersicht dient der Navigation durch das Programm. Außerdem
werden hier sämtliche Diagramme erzeugt.

Abbildung 5.1:
Startbildschirm von
AENEIS

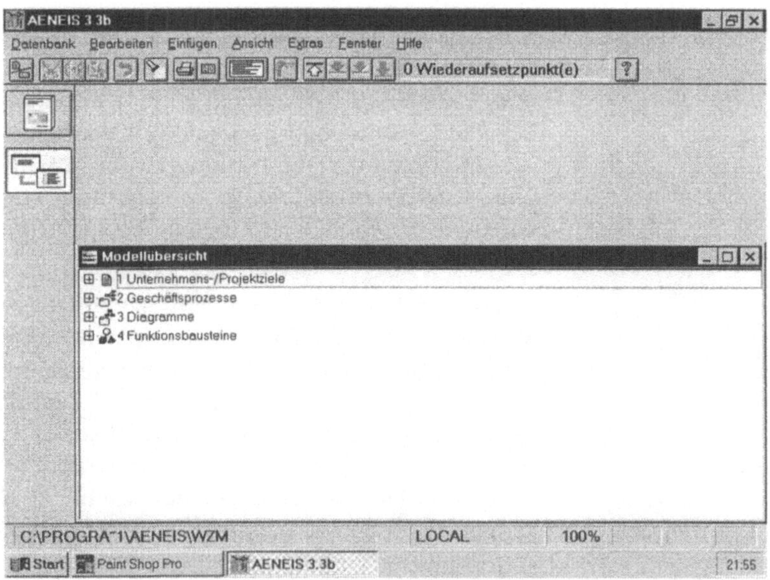

Beim ersten Aufruf einer Datenbank sind in der Modellübersicht
die Strukturdiagramme „Unternehmens-/Projektziele, Geschäftsprozesse, Diagramme und Funktionsbausteine" vorhanden. Unter
dem Punkt „Ziele" können Ziele sämtlicher Art angegeben wer-

den. Unter „Geschäftsprozesse" werden alle zu erfassenden Prozesse dargestellt. Bei „Diagramme" erfolgt noch eine Unterteilung in „Externe Partner", „Informationssystem" und „Organigramm". Auf der jeweiligen Strukturebene z.B. „Geschäftsprozesse" können zusätzlich Diagrammgruppen angelegt und strukturiert werden.

5.2   Aufgabenanalyse

Eine Aufgabenanalyse kann in AENEIS nicht eigenständig durchgeführt werden, d.h., die Aufgaben werden nicht in einem separatem Diagramm erzeugt. Eine Hierarchisierung ist in klassischem Sinne durch die Anwendung von Kriterien (Objekt, Verrichtung) nicht durchführbar.

Eingabe

Die Eingabe von Aufgaben erfolgt entweder nach dem klassischen Vorgehen über das Organigramm oder, wie es beim Business Process Reengineering erfolgt, direkt im Prozeßmodell. Im Prozeß können die Aufgaben durch Anwählen „neue Aktivität" hinzugefügt werden. Unter dem Organigramm werden die Aufgaben bei der organsiatorischen Einheit bzw. Person erstellt. In beiden Fällen werden die Aufgaben modellweit organisatorischen Einheiten bzw. Personen zugeordnet. Außerdem können beliebig viele Aufgaben generiert werden.

Eigenschaften

AENEIS unterscheidet in die Begriffe Aktivität, Arbeitsschritt, Anweisung und Aufgaben. Die Aktivität ist im Wurzelprozeß das Objekt, das durch eine Aufgabe beschrieben wird. Der Arbeitsschritt bzw. die Anweisung stellt im Teilprozeß die Aufgabe dar.

Abbildung 5.2:
Aktivität

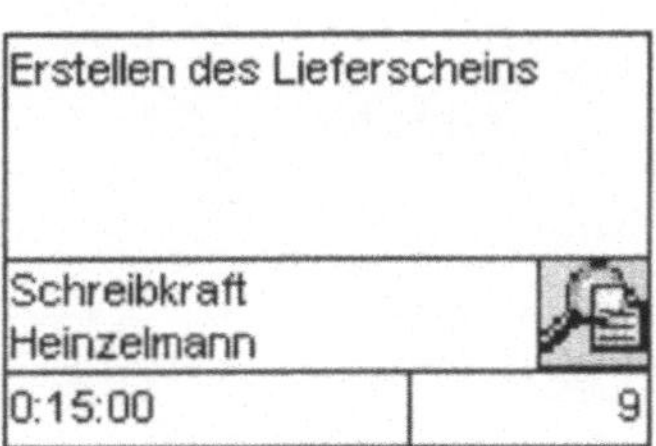

Für die Beschreibung der Eigenschaften muß in Aktivität, allgemeiner Arbeitsschritt, Anweisungsarbeitsschritt und Aufgabe unterschieden werden, da jeder Begriff einen anderen Zweck beinhaltet. Wie schon erwähnt, ist es in AENEIS nicht möglich eine eigenständiges Aufgabenanalysediagramm zu erstellen. Auf Grund dessen müssen die Eigenschaften (Attribute, Funktionen usw.) über Umwege in vordefinierten Registerkarten angegeben werden. Dieser Umweg muß beim Anlegen und beim Bearbeiten sämtlicher Objekte in AENEIS durchgeführt werden. Der Inhalt (Felder) und die Anzahl der Registerkarten verändert sich je nach Objekt. In den einzelnen Karten werden die Eigenschaften beschrieben. Für die Aktivität sind die Karten „Allgemein, Weitere Ausführende, Anmerkungen und Kostentreiber" vorhanden. Es muß der Aktivität eine genaue Bezeichnung z.B. „Prüfung des Auftragsformularsatzes" gegeben und sie muß einer Organisatorischen Einheit zugeordnet werden. Die Angabe der Organisatorischen Einheit muß erfolgen. Dagegen ist die Zuordnung eines Mitarbeiters optional. Die Bezeichnung der Aktivität ist gleichzeitig der Name der Aufgabe.

Abbildung 5.3:
Eigenschaften von
Aufgaben

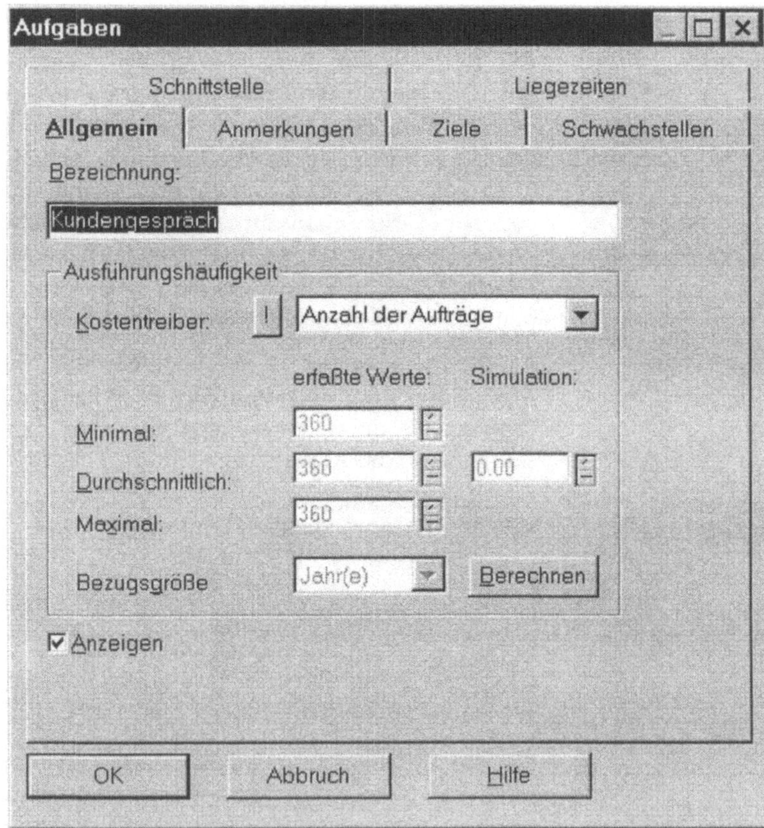

Bei der Bearbeitung der Aufgabe sind die Registerkarten „Allgemein", „Schnittstellen", „Liegezeiten", „Schwachstellen", „Ziele" und „Anmerkungen" vorhanden. In der Karte „Allgemein" können Angaben festgelegt werden wie Kostentreiber, Ausführungshäufigkeit und Bezugsgröße. In der Prozeßebene 2 wird wie angegeben die Aufgabe im Arbeitsschritt beschrieben. Beim Arbeitsschritt in der Anweisung sind die Registerkarten „Zeiten", „Zuordnung", „Schnittstellen", „Anmerkungen" und „allgemeine Beschreibung des Arbeitsschrittes" vorhanden. Dabei muß der Aufgabe eine Kategorie - Organisatorische Einheiten, Informationen, Sachmittel, Transaktionen oder Formulare - zugeordnet werden. Die Anweisung kann dann nochmals als allg. Arbeitsschritt beschrieben werden. Im allg. Arbeitsschritt wird zwischen den Zeiten, Schnittstellen, Anmerkungen und dem Allgemeinen unterschieden.

Verknüpfungen	Die Verknüpfung zwischen den einzelnen Aufgaben ist ohne Bedeutung, da keine eigenständige Aufgabenanalyse durchgeführt werden kann.
Darstellung	Die Darstellung der Aufgabe läßt sich nur über den Prozeß verändern, da kein eigenständiges Aufgabenanalysediagramm zur Verfügung steht. Daher werden die Darstellungsmöglichkeiten unter dem Punkt Prozeß erläutert.
Integration	Bei der Generierung der Aufgaben im Diagramm des Organigrammes oder in der Modellübersicht stehen die generierten Aufgaben modellweit zur Verfügung. D.h., ein Prozeß kann mit den zur Verfügung stehenden Aufgaben nachträglich erzeugt werden. Außerdem wird bei der Erstellung der Aufgaben automatisch eine Stellenbeschreibung der jeweiligen Organisatorischen Einheit bzw. Person zugeordnet. Die Aufgaben können in der Übersicht des Organigrammes (Sichtbarmachung muß eingestellt werden) und in der Hauptübersicht dargestellt werden. Die eigentliche Stellenbeschreibung ist durch die Generierung des Berichtes für eine bestimmte Organisatorische Einheit im Textfeld von AENEIS oder in Word durchführbar. Bei der Stellenbeschreibung ist Vorsicht geboten. Mit der Generierung von Aufgaben wird, wie beschrieben, der Aufgabe eine organisatorische Einheit zugewiesen. Erfolgt eine Änderung des Aufgabenträgers der Aufgabe muß beim neuen „Zuweisen" das Feld „auf das ganze Modell anwenden" angekreuzt werden. Ansonsten ist die Aufgabe beiden organisatorischen Einheiten zugewiesen und erscheint in beiden Stellenbeschreibungen.

5.3   Prozeß

Das Programm enthält drei Musterprozesse. Mit deren Hilfe ist es möglich, den logisch hinterlegten Ablauf der Prozesse im Vorfeld nachzuvollziehen.

Eingabe

Beim Erstellen von Prozessen unterscheidet AENEIS in Aktivitäten, Arbeitsschritte, Anweisung und Aufgaben. Die Eingabe erfolgt wie schon unter 2. Aufgabenanalyse - Eigenschaften - beschrieben wurde.

Die Generierung des Prozesses kann auf zwei unterschiedliche Arten erfolgen. In der ersten Variante wird die Aufgabe mit der Generierung der Aktivität direkt im Prozeßdiagramm beschrieben. Die zweite Variante stellt eine indirekte dar und die Eingabe erfolgt in der Hauptübersicht im Diagramm des Organigrammes. Dabei wird der Organisatorischen Einheit eine Aufgabe zugewiesen. Diese Aufgaben können dann im Prozeßdiagramm beim Generieren der Aktivität zugeordnet werden.

Vorgehensweise

In der Modellübersicht wird durch einen doppelten Mausklick der linken Taste auf das Feld „Geschäftsprozese" ein Feld geöffnet, in dem der Prozeßname eingegeben wird. Dazu kann die Art des Prozesses angegeben werden. Das Programm unterscheidet dabei in drei verschiedene Arten der Modellierung. Die erste Möglichkeit das „AENEIS-Modell" ist die am besten ausgeprägte. Der EPK-Prozeß und das EPK-Szenario sind die beiden anderen Darstellungsmöglichkeiten. Der User muß jedoch genau überlegen, welche Modellierungsart für ihn am günstigsten ist, da eine Umwandlung in eine andere Modellierungsart nachträglich nicht mehr möglich ist. Bei der EPK-Modellierung können durch Anweisen die Diagramme, wie z.B. das Informationssystem oder Sachmittel, mit eingebunden werden. Diese zwei letztgenannten werden in diesem Buch nicht beschrieben, da sie auch nicht den Schwerpunkt des Programmes bilden.

Für die einfache Modellierung eines Prozesse ist es notwendig, zuerst die Organisatorischen Einheiten im Organigramm festzulegen. Alle weiteren Diagramme sind nur notwendig, wenn diese auch mit einbezogen werden sollen. Nachdem die Modellierungsart und der Prozeßname vergeben und die Eingabe bestätigt worden ist, kann nachfolgend mit der Modellierung des Prozesses begonnen werden. Grundsätzlich beginnen die Prozesse unter AENEIS immer mit einer Startaktivität. Die Startaktivität kann z.B. im Menüfeld an der linken Bildschirmseite durch Anklicken des entsprechenden Ikons ausgewählt werden. Die Startaktivität stellt eine normale Aktivität dar und es können auch dementsprechende Einstellungen vorgenommen werden. Diese Startaktivität muß immer definiert werden, um auch eine Simulation durchführen zu können.

Das Ende eines Prozesses wird unter AENEIS nicht durch eine Endaktivität bzw. Ausgang beendet. Die letzte Aktivität im Prozeß bildet automatisch den Ausgang bzw. das Ende. Eine Kenntlichmachung kann durch die manuelle Einfärbung der Aktivität erfolgen. Die Startaktivität wird optisch durch einen gestrichelten Rahmen hervorgehoben.

Nachdem die Startaktivität angegeben worden ist, können weitere Aktivitäten durch Anklicken des entsprechenden Ikons im Menüfeld oder der rechten Maustaste erzeugt werden.

Eigenschaften

In der Praxis ist es notwendig, daß die Erstellung von Prozessen wenig Zeit in Anspruch nehmen sollte. Dies wird durch die direkte Eingabe der Aktivitäten im Prozeßdiagramm von AENEIS gewährleistet. Es muß zuvor nur die Organisatorische Einheit im Organigramm angelegt werden.

Auf den ersten Blick könnte bei der Modellierung des Prozesses der Anschein erweckt werden, daß eine Hierarchisierung möglich ist. Im Prozeß wird in die Prozeßebene 1 (Wurzelprozeß) und in die Prozeßebene 2 (Teilprozeß) unterschieden. Die Hierarchisierung bzw. Objektorientierung gibt an, daß eine Aufgabe in ihrer Ausprägung beschrieben werden kann. In AENEIS ist dies zwar möglich, jedoch wird dies nicht stringent eingehalten. Das bedeutet, daß die Aufgabe „Prüfung des Auftragsformularsatzes" der Prozeßebene 1 auch in der Prozeßebene 2 angegeben werden kann. Nach der Objektorientierung darf dies nicht vorkommen. Das Programm markiert die doppelt vorhandenen Aufgaben mit diagonalen Linien. Dadurch wird kenntlich gemacht, daß diese Aufgabe bereits an einer anderen Stelle im Prozeß existiert.

In AENEIS beginnt der Prozeß immer mit einer Startaktivität. Dabei ist es unerheblich, an welcher Stelle und wie viele Startaktivitäten im Prozeß definiert werden. Eine weitere Eigenschaft von AENEIS ist die Einteilung in unterschiedliche Abstraktionsebenen, die zur Übersichtlichkeit beiträgt. Die Abstraktionsebenen können über die Aktivitäten erreicht werden, die mit den Begriffen „Details ansehen" und „Ablaufdiagramm anzeigen" beschrieben sind.

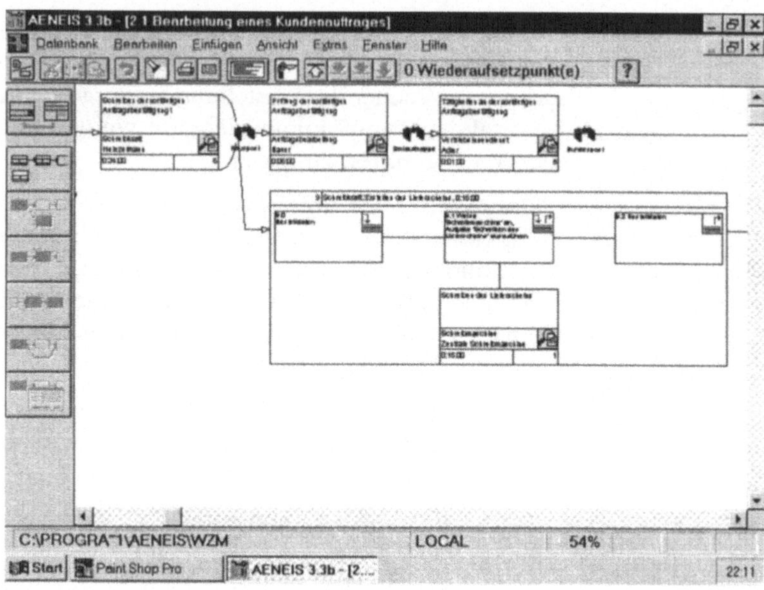

Unter „Details ansehen" wird der Teilprozeß der Aktivität im Wurzelprozeß sichtbar. Mit „Ablaufdiagramm ansehen" wird ein eigenes Diagrammfenster für den Teilprozeß geöffnet. Die Prozeßhierarchien sind im Prozeß direkt miteinander verknüpft. Dies bedeutet, daß z. B. die Bearbeitungszeit im Teilprozeß automatisch als Summe im Durchschnitt im Wurzelprozeß angezeigt werden. Außerdem wird die Aktivität im Wurzelprozeß immer von der gleichen Organisatorischen Einheit im Teilprozeß durchgeführt. Dies hat zur Folge, daß eine Modellierung, wie es bei der WZM vorgesehen ist, nicht im gleichen Sinne umgesetzt werden konnte. Die Prozeßverfeinerung „Tätigkeit am Lieferschein" wird von der Schreibkraft und dem Lagerarbeiter bearbeitet. Mit AENEIS mußte diese Aktivität „Tätigkeit am Lieferschein" in zwei Aktivitäten aufgeteilt werden.

Dem Prozeßschritt muß in der Registerkarte „Allgemein" eine Kategorie zugeordnet werden, die sich aufteilt in Organigramm, Sachmittel, Information, Formular und externe Partner. Zu dieser Kategorie muß zusätzlich die Aufgabe der Kategorie angegeben werden. Die Angabe des Mitarbeiters ist freiwillig. Bei Bedarf können noch neue Instanzen erzeugt werden. Für den Eingang können drei verschiedene Bedingungen angewählt werden, wie Vorgang normal fortführen, alle wartenden Vorgänge aufnehmen und alle wartenden Vorgänge fortsetzen. Der Kostentreiber sowie die Anmerkungen können dem Prozeß zugeordnet werden.

Abbildung 5.5:
Prozeßverfeinerung,
Diagrammsicht

Verknüpfungen

Die einzelnen Aufgaben (Aktivitäten) werden nur im Wurzelprozeß durch den Informationsfluß verbunden. Im Teilprozeß hat die Verknüpfung zwischen den Aufgaben des jeweiligen Arbeitsschrittes keine Bedeutung, da der einzelne Arbeitsschritt immer nur durch eine Person bearbeitet werden kann. Der Informationsfluß wird unter AENEIS durch Schnittstellen beschrieben. Diese Schnittstellen werden in eigenen Arbeitsschritten im Teilprozeß für den Wurzelprozeß als „Weiterleiten" definiert. Unter „Schnittstelle" sind verschiedene Registerkarten vorhanden, denen zusätzliche Informationen hinterlegt werden können. Die Unterteilung erfolgt dabei in Allgemein, Anmerkungen, Schnittstelle, Zuordnung und Zeiten. In der Registerkarte „Zeiten" ist es möglich, die Transportart und -zeit anzugeben. Die Transportart kann dabei in verschiedene Kategorien wie Sachmittel, Organigramm, Formular, Transaktion und Externe Partner unterschieden werden. Die Kostenzuordnung des Transportmittels erfolgt über die verwendete Zeit der Transportart, die mit einem Kostensatz pro Zeiteinheit versehen werden kann. Darüber hinaus besteht die Möglichkeit, den Informationsfluß in einem eigenständigen Informationsdiagramm abzubilden und mit dem Prozeß zu verknüpfen. Es können außerdem sämtliche Diagramme, die im Modell erzeugt worden sind, mit dem Prozeß verknüpft werden.

AENEIS bietet eine Vielzahl von Verzweigungsmöglichkeiten wie UND-, inklusiv/exklusiv ODER-, kombinierte UND/ODER-, abhängige WARTEN-, REPEAT UNTIL- und FOR-Schleifen-Verzweigung. Bei der inklusiv/exklusiv-ODER-Einstellung läßt sich die eintretende Wahrscheinlichkeit stufenlos 0-100 % einstellen. Die Erzeugung der beschriebenen Verzweigungen läßt sich im Wurzelprozeß oder im Teilprozeß durchführen.

Darstellung

Der gesamte Prozeß kann sehr übersichtlich in zwei Varianten dargestellt werden. Zum einen besteht die Möglichkeit, über die Modellübersicht den Prozeß als Prozeßdiagramm oder zum anderen als Vorgangskettendiagramm darzustellen. Den einzelnen Aktivitäten stehen verschiedene Optionseinstellungen zur Verfügung. Dabei kann eine aus sechs Layout-Einstellungen zugeordnet werden. Diese Einstellungen sind im Wurzelprozeß, im Teilprozeß und in allen anderen Diagrammen durchführbar. Der Inhalt der Einstellmöglichkeiten ändert sich je nach Diagrammtyp. Es lassen sich Schnittstellen, durchschnittliche Zeiten, Bitmapdarstellungen, Kosten und Zeiten, Meßanzeigen (Simulation) und ein kombinierter Modus anzeigen.

Abbildung 5.6:
Aktivität im Prozeß

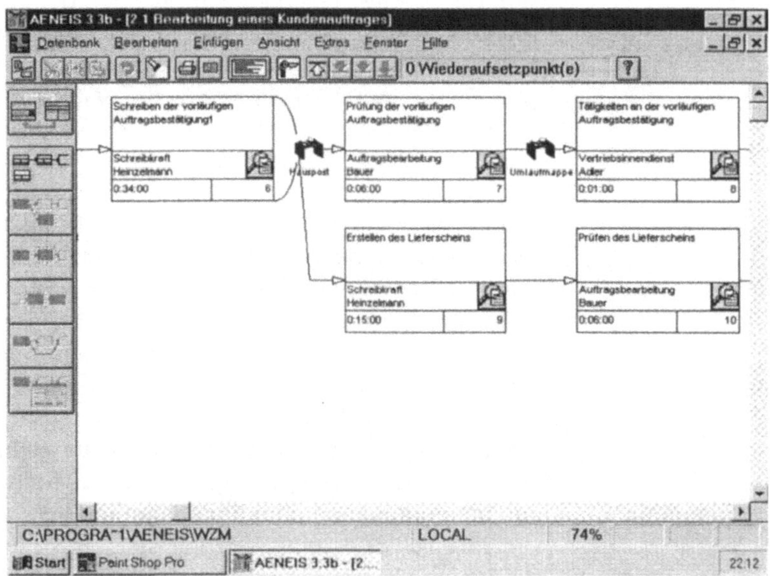

Wählt der User z.B. die Bitmapdarstellung, wird der vollständige Wurzelprozeß in einen Bitmap-Prozeß umgewandelt. Bei dieser Darstellungsweise kann auf bereits vorhandene Bitmaps zurückgriffen oder es können beliebig andere verwendet werden. Diese Optionseinstellungen können in jedem Diagramm über die F5-Taste, die rechte Maustaste und über die obere Menüleiste erfolgen. Im Geschäftsprozeß-Diagramm kann e   tionseinstellungen noch zusätzlich über das linke Menüfeld e.. gen.

Die Anordnung der Aktivitäten erfolgt vorwiegend manuell und läßt sich sehr gut umsetzen. Die automatische Anordnung läßt eine horizontale nach oben, unten oder auf gleicher Ebene der Aktivitäten zu.

Die einzelnen Aktivitäten sind in AENEIS durchnumeriert. Dabei kann die Numerierung der Aktivitäten entweder unterdrückt, dynamisiert oder chronologisch angegeben werden.

Außerdem bietet das Programm Einstellmöglichkeiten in Bezug auf die Darstellung der Farbe, der Schrift, der Größe und der Aufteilung des Objektes. Die Änderung der Farbe ist entweder für eine Aktivität oder für sämtliche Aktivitäten möglich. Die Schriftänderung nach Größe und Art kann nur für sämtliche Aktivitäten durchgeführt werden. Die Größe der Aktivitäten läßt sich indirekt über das Zoomen des gesamten Diagrammes einstellen. Das Zoomen erfolgt über die F7- (kleiner), F8-Taste (größer) oder über das obere Menüfeld. Diese Einstellungmöglichkeiten sind programmweit durchführbar.

Integration Die Integration von Aufgaben ist sehr gut gelöst, da diese unproblematisch an jeder Stelle geändert werden können. Außerdem ist es möglich, Änderungen nur für einen Arbeitsschritt zuzulassen oder auch modellweit.

5.4   Informations-/Datenmodell

Eingabe Die Generierung erfolgt über die Hauptübersichtsmaske unter dem Punkt Diagramme. Die einzelnen Klassen werden wie die Aktivitäten über das linke Menüfeld, die rechte Maustaste oder das obere Menüfeld erzeugt.

Eigenschaften Mit AENEIS ist es möglich, ein eigenes Informations- sowie Datenmodell zu erzeugen, das in den Prozeß eingebunden werden kann. Die Informationen können zu einem Informationssystem ausgebaut werden. Dabei besteht die Möglichkeit, die Informationen in Instanzen, Vererbungsbeziehungen, Zusammensetzungsbeziehungen, Referenzen und Bereiche festzulegen. Die Informationen werden über das Menüfeld „Diagramme" erzeugt.

Der Information stehen, wie den anderen Objekten, Registerkarten zur näheren Beschreibung der Eigenschaften zur Verfügung. Zu Beginn wird der Information eine eindeutige Bezeichnung und der Typ der Information zugeordnet. Der Typ kann ein Objekttyp, Klasse, Modul, Workflow-Programmgruppe, Informationssystem und Datenstruktur/Formular sein. Darüber hinaus können Attribute sowie Funktionen angegeben werden. Außerdem läßt sich die Verfügbarkeit der Information einstellen. Dabei können noch zusätzlich die Kosten für die Information festgelegt werden. Zuletzt ist es noch möglich, Anmerkungen und Versionsänderungen anzugeben.

Abbildung 5.7:
Informationssystem

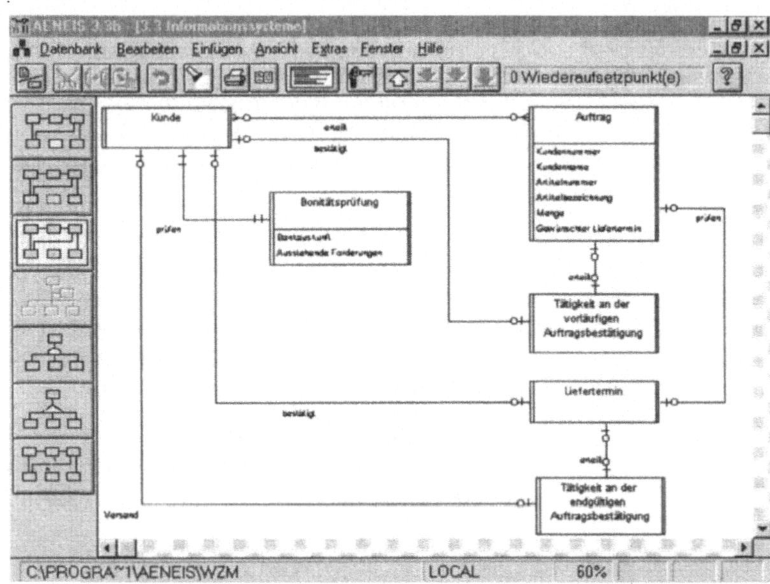

Verknüpfungen

Es können verschiedene Verknüpfungen zwischen den einzelnen Klassen erfolgen. Dabei wird in Instanzen-, Vererbungs- und Zusammensetzungsbeziehung unterschieden. Bei der Instanzenbeziehung wird die Verknüpfung durch eine „Bezeichnung" beschrieben. Diese Bezeichnung beschreibt die Art der Information z.B. bestätigt von/zu der Information „Liefertermin" von/zu der Information „Kunde". Dabei kann die Anzahl der übertragenen Informationen, die unbestimmt, 0 oder 1, 1, genau, 0..n und 1..n sein kann. Zusätzlich läßt sich noch ein Kommentar angeben.

Darstellung

Die Darstellung wird wieder über die F5-Taste bzw. das obere Menüfeld durchgeführt. Es können in den Registerkarten „Allgemein", „Version", „Anmerkungen", „Fenster" und „Schrift" Einstellungen in vordefinierten Feldern erfolgen. Unter der Karte „Fenster" können bei den Feldern „Funktionen" bzw. „Attribute"

„alle", „ausgewählte" oder „keine" angezeigt werden. Außerdem ist es möglich, Namen zu zentrieren, den Umbruch zu erzwingen, 3D-Darstellung, eine Min/Max-Notation und Kurzbezeichnungen anzeigen zu lassen. Die Kurzbezeichnungen geben die Anzahl der übermittelten Informationen zwischen den einzelnen Klassen an. Dadurch kann ein sehr schneller Überblick der zu übermittelnden Informationen gewonnen werden. Darüber hinaus besteht die Möglichkeit, die Schriftart, die Auszeichnung und die Größe der Zeichen zu verändern. Die einzelnen Informationsklassen können entweder manuell oder automatisch angeordnet werden. Durch Ziehen mit der Maus können die Klassen markiert werden. Danach lassen sich die Klassen nach links, rechts oder oben ausrichten. Die Höhe und Breite läßt sich entweder auf minimale oder maximale Größe verändern. Als letzter Punkt kann die Farbe der Klassen beliebig verändert werden. Die Einstellungen nach Größe und Ausrichtung können nur für Abbildungen durchgeführt werden, die sich in der Modellübersicht unter dem Punkt „Diagramme" befinden.

Integration

Das Informationsmodell kann in den Prozeß eingebunden werden. Jedoch ist eine Analyse der Informationen nur in Form einer Auslastung möglich. Ein Modellierungsfehler bzw. ein Informationsbruch wird bei der Modellierung durch ein „Kreuz" sichtbar gemacht. Daraus kann jedoch kein Systembruch abgeleitet werden.

5.5   Aufbauorganisation

Eingabe

Die Generierung erfolgt über die Hauptübersichtsmaske unter dem Punkt Organigramme. Die einzelnen Klassen werden, wie die vorher beschrieben, über das linke Menüfeld, die rechte Maustaste oder das obere Menüfeld erzeugt.

Eigenschaften

Die Eigenschaften werden wie bei allen Objekten über die Registerkarten klassifiziert. Dabei wird in „Allgemein", „Version", „Anmerkungen", „Befugnisse", „Stellvertretung", „Aufgaben", „Mitarbeiter", „Ebene" und „Verfügbarkeit" unterschieden. In der Registerkarte „Allgemein" wird der Klasse eine genaue Bezeichnung gegeben, die durch eine Kurzbezeichnung ergänzt werden kann. Außerdem ist es möglich, den Typ anzugeben. Dabei kann in eine OE bzw. Rolle unterschieden werden. Außerdem kann ein Bitmap zugeordnet und die Klasse farblich verändert werden. In der Registerkarte „Version" besteht die Möglichkeit, eine Änderung zu protokollieren. Zusätzlich können noch Anmerkungen, Befugnisse bzw. Stellvertretungen in einer separaten

Karte beschrieben werden. Aufgaben und Mitarbeiter können auch von hier aus hinzugefügt, bearbeitet und gelöscht werden.

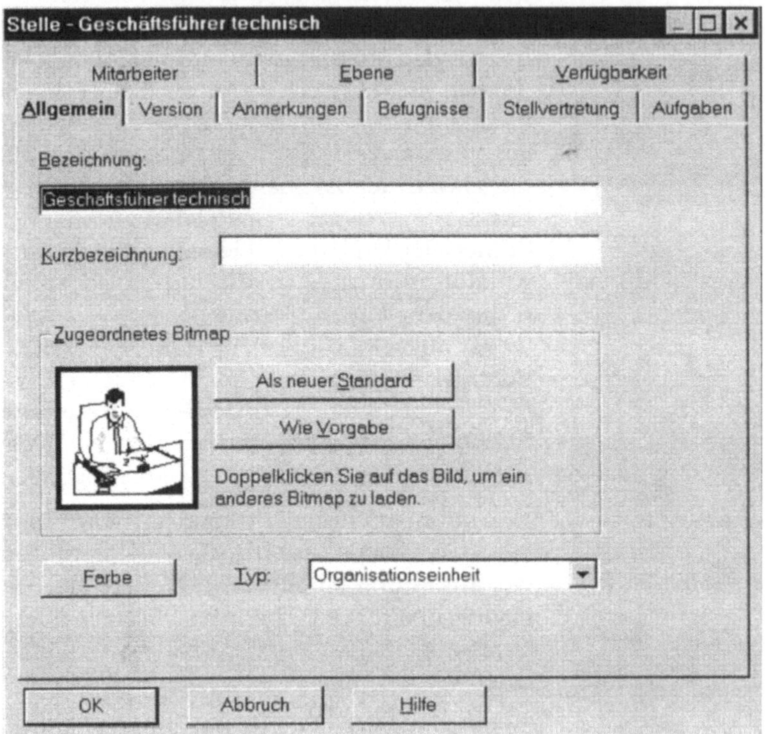

Verknüpfungen

Die Verknüpfungen werden in Weisungs-, Zusammensetzungs-, Vererbungs- und Instanzenbeziehungen unterschieden, wobei die Instanzenbeziehung immer inaktiv ist. Die Klasse „Bereich" ist in der semantischen Darstellung im Organigramm integriert. D. h., der Bereich verfügt über keine Relation zu einem anderen Objekt. Innerhalb der Klassen kann in 10 verschiedene Instanzenebenen bzw. Beziehungstypen unterschieden werden.

Die Auswahl der Kompetenz erfolgt über die linke Menüleiste im Organigramm. Dabei kann in Vererbungs-, Zusammensetzungs- und Zuweisungsbeziehung unterschieden werden.

Darstellung

Die graphische Darstellungsweise kann wie bei allen Diagrammen über die F5-Taste eingestellt werden. Es besteht die Möglichkeit die Aufgaben/Service „alle", „ausgewählte" oder „auch nicht" anzeigen zu lassen. Zusätzlich kann der Manager, die Instanzen, die Prozeßverantwortung und Bitmaps angezeigt werden. Das zugehörige Bitmap läßt sich im Objekt mit anzeigen. Dabei kann das vorgegebene oder jedes beliebige eingesetzt werden. Weitere Einstellmöglichkeiten sind „Name zentrieren", „Umbruch erzwingen", eine Min/Max-Notation auswählen, 3D-Darstellung und die Kurzbezeichnung anzeigen lassen. Zuletzt ist es noch möglich, die Stelle farblich hervorzuheben. Durch Markieren von Klassen können die Objekte (Klassen), wie schon unter dem Punkt 4 „Informations-/Datenmodell beschrieben, in ihrer Größe und Lage ausgerichtet werden.

Abbildung 5.9:
Darstellung von organisatorischen Einheiten

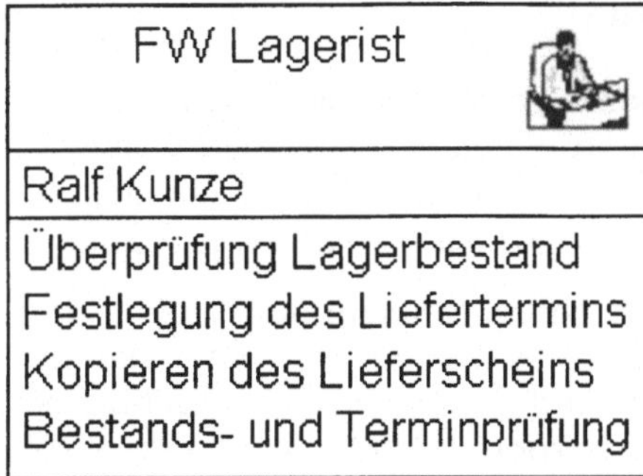

Abbildung 5.10:
Organigramm in
AENEIS

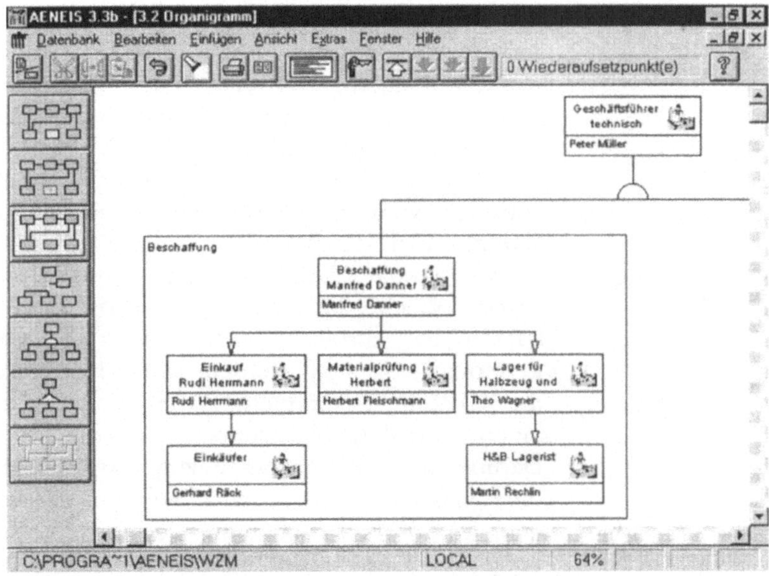

Stellenbeschreibung

Die Stellenbeschreibung erfolgt automatisch durch die Eingabe der Aufgaben der jeweiligen Mitarbeiter.

Die Stellenbeschreibung ist direkt mit dem Prozeß und der jeweiligen Organisatorischen Einheit verbunden.

Die Stellenbeschreibung ist entweder in der Hauptübersichtsmaske im Organigramm bei der jeweiligen OE zu sehen oder im strukturiertem Organigramm. Eine detaillierte Stellenbeschreibung kann durch das Generieren eines Berichtes erfolgen. Dieser Bericht kann entweder in die Datei oder durch Export in z.B. MS-Word erfolgen.

5.6   Sachmittel

Eingabe

Für die Generierung von Sachmitteln ist es notwendig, dafür ein Diagramm zu erstellen, da standardmäßig keines zur Verfügung steht. Bei den Sachmitteln kann ebenfalls die Eingabe direkt in der Hauptübersichtsmaske unter dem Punkt Diagramm erfolgen.

Eigenschaften

Die Eigenschaften können auch hier über die Registerkarten „Allgemein", „Version", „Anmerkungen", „Funktionen", „Sachmittel und „Verfügbarkeit" beschrieben werden. Das Sachmittel erhält zuerst eine genaue Bezeichnung unter der Karte „Allgemein", nach Bedarf kann es durch eine Kurzbezeichnung ergänzt werden. Außerdem besteht in dieser Karte die Möglichkeit, den Typ, die Farbe und ein zuordenbares Bitmap festzulegen. In der Registerkarte „Version" kann eine Änderung protokolliert werden. Falls noch zusätzlich Anmerkungen gegeben werden möchten, kann dies in der entsprechenden Karte durchgeführt werden. Die genaue Funktion des Sachmittels wird durch eine genaue Bezeichnung ersichtlich. Dazu können die Funktionen angezeigt werden und zusätzlich mit einem Kostentreiber versehen werden. Ebenso ist es möglich, Anmerkungen und Schnittstellen der Funktion anzugeben. Die letzte Karte, die „Verfügbarkeit", beinhaltet die Kosteninformation je Minute, Stunde, Woche, Monat und Jahr. Dazu kann die genaue Verfügbarkeit in Stunden/Werktag, Werktage/Woche und Werktage/Monat eingestellt werden. Außerdem besteht die Möglichkeit die Kernzeit zu verändern. Dabei steht die Einstellung 12 Uhr für einen normalen Acht-Stunden Tag von 8.00 Uhr bis 16.00 Uhr. Darüber hinaus kann der Bezug entweder für eine Instanz oder eine Klasse geltend gemacht werden. Zuletzt ist es noch möglich, unter Berücksichtigung der Bezugsgrößen, Zusammensetzung oder Generalisierung, die Auslastung nach minimal, durchschnittlich oder maximal zu errechnen.

Verknüpfungen

Die Sachmittel können im Diagramm durch eine Zusammensetzungsbeziehung miteinander verknüpft, und dabei kann die Anzahl der Übermittlungen angegeben werden.

Im Prozeß werden die Sachmittel durch den Befehl „Anweisen" integriert. Das Sachmittel, werden im Prozeß als Aktivität behandelt, und dadurch können weitere Instanzen erstellt werden.

Darstellung

Die Darstellungsweise kann wie bei den anderen Diagrammen über die Optionseinstellungen nach vordefinierten Mustern erfolgen. Es sind für die Darstellung die allgemeinen Einstellvariationen, die für Diagramme zur Verfügung stehen, möglich. Außerdem kann auch hier die Ausrichtung und Größe (siehe Punkt 4 und 5) angepaßt werden.

Abbildung 5.11:
Sachmittelmodell in
AENEIS

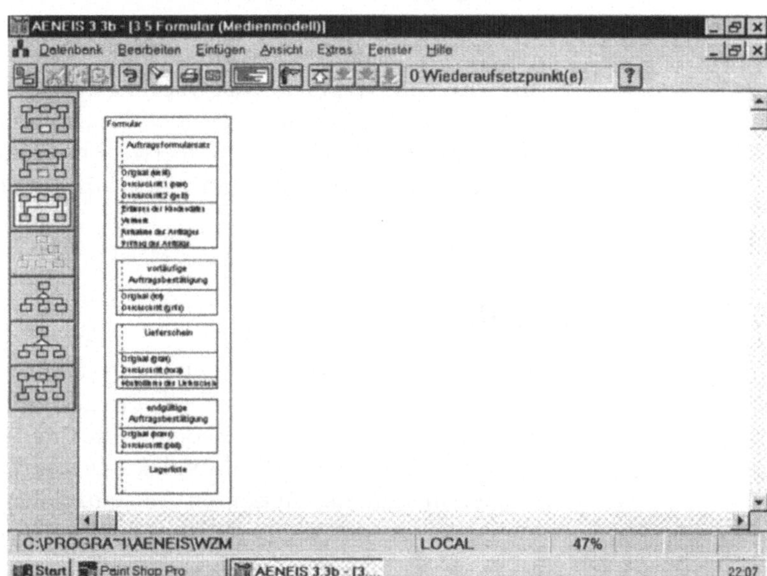

5.7   Dimensionen

5.7.1   Zeit

In AENEIS stehen Transport-, Liege-, Verfügbarkeits-, Durchlauf- und Bearbeitungszeiten zur Verfügung. Dabei können die Bearbeitungs-, Liege- und Transportzeiten in minimal, durchschnittlich und maximal angegeben werden. Die Liegezeiten werden zusätzlich in der Simulation berechnet, die sich aufgrund der Nicht-Verfügbarkeit von Personen ergibt. In dieser Zeit ruht die

Bearbeitung, und somit fallen Liegezeiten an. Die Durchlaufzeit ist die Addition von Bearbeitungs-, Transport- und Liegezeit, die sich aufgrund der Simulation ergibt.

5.7.2   Menge

Es können verschiedene Mengenangaben für die Sachmittel angegeben werden. Dabei sind z.B. auch unterschiedliche Druckertypen von Druckern festlegbar. Außerdem ist es möglich Personen für mehrere Stellen/Einheiten festzulegen.

5.7.3   Kosten

Mit AENEIS ist eine Prozeßkostenrechnung möglich, die nicht auf Kostenstellenbasis aufgebaut ist. Außerdem erfolgt eine Aufteilung in leistungsmengeninduzierte und leistungsmengenneutrale Kosten. Dabei werden die lmi Kosten als die Kosten angegeben, für die die OE oder auch Sachmittel mit Zeiten versehen werden. Die restliche nicht verwendete Zeit im Bezug auf die Verfügbarkeit wird als lmn automatisch verrechnet. Außerdem können Kosten für Sachmittel, Personen und Transport angegeben werden.

5.8   Analyse

Der Kriterienpunkt der Analyse wird mit AENEIS nur indirekt erfüllt, da kein expliziter Punkt (keine vordefinierten Analysen) zur Verfügung steht. Das bedeutet, daß nur über indirektem Wege eine Analyse durchführbar ist. Diese Analysen werden entweder in den Registerkarten der einzelnen Objekte, durch Berichte oder durch die Simulation durchgeführt.

Die Analysemöglichkeiten sind zwar begrenzt, jedoch sehr nützlich. In der folgende Übersicht sind die Varianten aufgelistet.

- Liegezeiten

- Transportzeiten

- Kostenentwicklung durch die Alternativeinstellung der Prozeßkostenberechnung

- Auslastungsgrad der Ressourcen wie Personen, Sachmittel, Transaktion, Formulare, externer Kunde, Information und Schnittstellen

- Durchlaufzeit

- Bearbeitungszeit

- Temp-Anzeige für fehlende bzw. überlastete OE durch Simulation sichtbar.

- Vilsualisierung der Simulation in Form von Balken, die in der Aktivität angezeigt werden. Die Bedeutung der Balken wird im Handbuch nicht erläutert, nur im Schulungshandbuch. Dieses wird auf Anfrage ausgeliefert.

  - momentan wartende Vorgänge

  - beschäftigte Instanzen der Aktivität

  - modellweite Beschäftigung der Instanzen

  - unproduktive Zeit zur Gesamtzeit

  - Auslastungsgrad eines Aufgabenträgers an einer Aktivität

  - Auslastungsgrad des Aufgabenträgers auf das gesamte Modell

- Prozeßprotokolle

- nicht erreichbare Zweige im Prozeß (durch ein Kreuz sichtbar gemacht)

- Berichte nach Vorgabe bzw. können selbst definiert werden

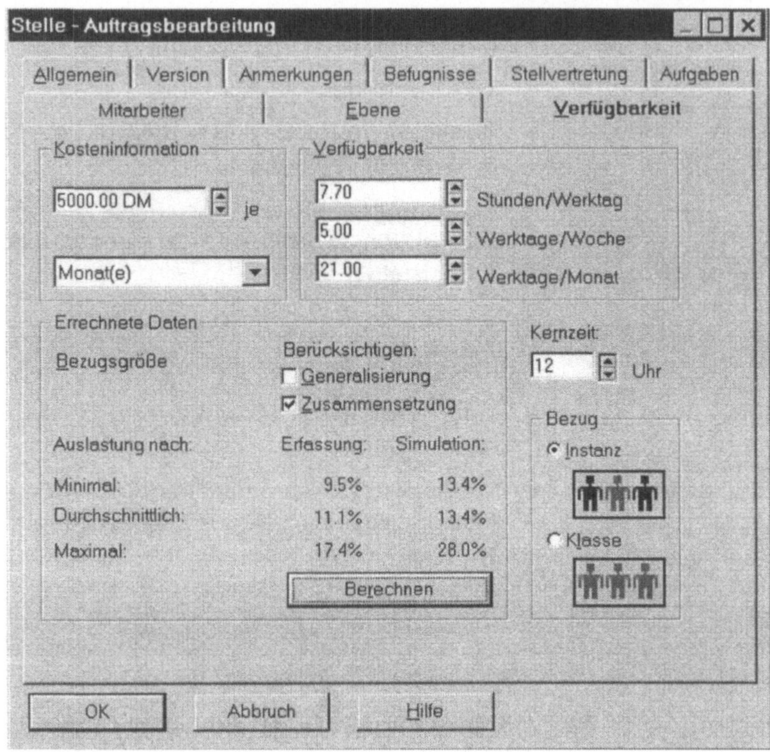

Eine Visualisierung der Analyse steht nur anhand des Prozeßdurchlaufs durch Balkendiagramme der einzelnen Aktivitäten zur Verfügung. Dies kann allerdings nicht áls echte Visualisierung für eine Präsentation angesehen werden. Es lassen sich keine separaten Grafiken für die Analyse erstellen. Außerdem können die Analyseergebnisse nicht unter AENEIS abgespeichert werden. Es besteht nur die Möglichkeit die Prozeßkosten durch Export in Excel abzuspeichern. Eine Vergleichsanaylse kann insoweit durchgeführt werden, indem die „Kosten- und Zeitinformationen zurücksetzen" angekreuzt wird. Dadurch wird der Prozeß mit den gleichen Zufallszahlen durchlaufen. Es wird jedoch der vorherige Prozeßdurchlauf bzw. die Simulation gelöscht.

AENEIS verfügt über eine Berichtssprache, mit deren Hilfe individuelle Dokumente aus dem modellierten Modell heraus erzeugt und zur Analyse verwendet werden können. Die Berichte können unformatiert, d.h. ohne Berücksichtigung von Schriftarten, Absatzformatierungen etc. in ein Textfenster oder unter Erhalt aller von den zugewiesenen Formaten in ein Textverarbeitungs- oder Tabellenkalkulationsprogramm übertragen werden.

Dabei bietet AENEIS bestimmte Standardberichte an. Darüber hinaus besteht die Möglichkeit, eigene Berichte zu erzeugen und zu verwalten. Die Berichtssprache ermöglicht, jeder Kategorie von Objekten (Geschäftsprozesse, Aktivitäten, Arbeitsschritte, Diagramme, etc.) Berichtsformate zuzuweisen und diese in Grafik und Text darzustellen. Mit dessen Unterstützung ist es möglich, bestimmte Sichten auf die konkreten Modellelemente auszugeben. Für die Erstellung von Berichten müssen Kategorien, Befehle, Variablen und Objekte angegeben werden. Kategorien sind wie beschrieben z.B. Diagramme. Befehle sind Schlüsselwörter, mit denen der Ablauf der Berichte beeinflußt und das Ausgabegerät (zum Beispiel Microsoft Winword 6.0) gesteuert werden kann. Variablen sind Schlüsselwörter, die in einem Bericht als Platzhalter für Informationen dienen. Eine Variable ist beispielsweise das Wort „Name", das für die Bezeichnung eines Modellelements steht. Objekte sind spezielle Varianten von Variablen. Dabei sind Objekte „ACTIVITIES", die die Aktivitäten eines Prozesses abbilden. Ein wichtiges Kennzeichen der Berichtssprache ist die Vererbung. Besitzt eine Kategorie Variablen und Objekte, so verfügen auch alle abgeleiteten Kategorien über diese. Das Generieren eines Berichtes kann über das Markieren z.B. des Sachmitteldiagramms erfolgen. Der Bericht beinhaltet sämtliche Informationen, die den Registerkarten hinterlegt wurden. Außerdem sind alle zugeordneten Aufgaben des Prozesses aufgelistet.

Leider verfügt AENEIS über keine tabellarische Übersicht in der Systembrüche bzw. Fehler, die in der Eingabe der Modellierung sich ergaben, widergespiegelt werden.

5.9 Simulation

Die Simulation unter AENEIS stellt eine einfache dar, die als Grundlage die Tagessimulation sieht. Dies bedeutet, daß angegeben werden kann, wie oft ein Prozeßanstoß pro Tag erfolgen soll. Dies kann über ein Jahr und sogar darüber hinaus verlängert werden. Es kann der genaue Tag des Simulationsstartes angegeben werden. Der Simulationsbeginn richtet sich nach der Verfügbarkeit der Organisatorischen Einheit. Die Vergabe von Prioritäten kann nicht festgelegt werden. Es ist nur möglich, bei mehreren Eingängen z. B. die Anzahl der Aufträge festzulegen. Leider besteht keine Möglichkeit, Rüstzeiten für den Prozeßdurchlauf anzugeben. Dagegen werden Liegezeiten berechnet, die durch die Nicht-Verfügbarkeit einer Organisatorischen Einheit entstehen. Diese können als Wartezeiten interpretiert werden. Jedoch berücksichtigt das Programm in der „Oder-Verzweigung" die Wahrscheinlichkeitsangaben.

Jeder einzelne Prozeß kann über ein Protokoll, das sämtliche Schritte auflistet, nachvollzogen werden. Das Anlegen von Protokollen ist eine große Unterstützung, die nicht nur einen Gesamtüberblick des Prozesses liefert, sondern auch bei der Analyse ihre Unterstützung findet. Darüber hinaus wird die Simulation durch die Visualisierung des Prozesses im Balkendiagram unterstützt. Dabei wird die Zahl der momentan wartenden Vorgänge, beschäftigte Instanzen der Aktivität, modellweite Beschäftigung der Instanzen, unproduktive Zeit zur Gesamtzeit, Auslastungsgrad eines Aufgabenträgers an einer Aktivität und der Auslastungsgrad des Aufgabenträgers auf das gesamte Modell angezeigt. Leider fehlt an jedem Balken die genaue Bezeichnung, die nur über das Schulungsmaterial herauszufinden ist. Dieses Schulungsmaterial wird nur auf Anfrage ausgeliefert.

Abbildung 5.13: Visualisierung der Simulation

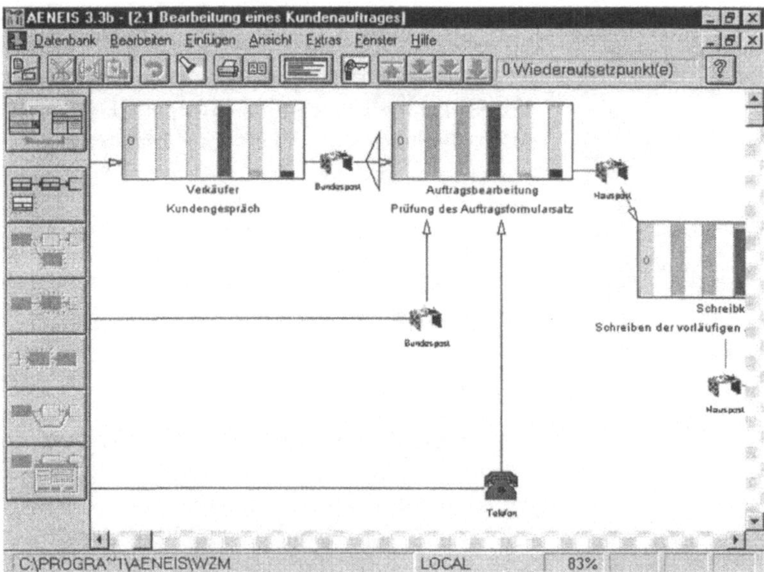

5.10   Dateikommunikation

Mit AENEIS ist es möglich, HTML-Seiten zu erstellen. Dabei muß nur unter dem Punkt „Berichte erstellen" das Format HTML angegeben werden. Dadurch können die Modelle in das Internet/Intranet überführt und somit toolunabhängig angezeigt werden. Außerdem ist es möglich, durch den Export in Word die Datei mit Hilfe der Berichtsfunktion anzuschauen. Die Prozeßkostenübersicht, unterteilt in Periode, Variante 1 und 2, kann in Excel exportiert werden.

5.11   Projektmanagement

Die Änderungen in einer Datei können über die Versionskontrolle aufgenommen werden. Dabei werden sämtliche Änderungen mit Uhrzeit, Tag und Person aufgezeichnet. Somit können alle Änderungen nachvollzogen werden, die auch für das Erstellen von QM-Handbüchern notwendig sind. Das gleichzeitige Öffnen mehrerer Dateien ist leider nicht möglich. AENEIS schließt automatisch eine geöffnete Datei, um eine neue öffnen zu können. Dagegen ist das Anlegen von Benutzergruppen mit gleichzeitiger Vergabe von Benutzerpasswörtern möglich. Außerdem ist es möglich, Datenbanken zu importieren. Dabei wird in Aktualisierung bzw. Ersetzen einer bestehenden Datei unterschieden.

5.12   Sonstiges

AENEIS versucht sich offen zu gestalten und bietet Schnittstellen zu SAP R/3 und Microsoft Office. Weitere Schnittstellen sind nicht notwendig, da das Ipro selbst sein Programm ausdehnt.

Ab der Version 4.0 bietet AENEIS ein integriertes Workflow-Tool. Mit diesem System können jetzt Abläufe real dargestellt werden. Dabei wird ein Arbeitsablauf sowie die automatisch zu öffnenden Programme definiert und im Hintergrund protokolliert.

AENEIS stellt schon fast ein eigenes Case-Tool dar, da Informationssysteme definiert werden können. Mit Hilfe der vorhandenen Berichtssprache können die notwendigen Änderungen programmiert werden.

Eine sehr gute Funktion stellt das Einlesen von SAP-Referenzmodellen dar. Es können vollständige Referenzmodelle eingelesen und abgebildet werden. Anschließend besteht die Möglichkeit, unter AENEIS die Modelle zu bearbeiten.

Es können adl-Datenbanken importiert werden. Die Abspeicherung auf einen anderen Datenträger erfolgt über Exportieren, da ein einfaches Kopieren der Datei aufgrund der Größe nicht möglich ist. Eine AENEIS Datei ist immer größer als 1,4 MB. Beim Import einer Datei ist die Größe der zu importierenden begrenzt, wird diese Grenze überschritten können Probleme entstehen. Außerdem können unterschiedliche Prozesse der gleichen Datei in die gleiche Datei importiert werden.

Der Prozeß kann als Vorgangskettendiagramm wahlweise dargestellt werden.

Die Erfahrungen, die aufgrund der Analyse gesammelt worden waren, sind sehr positiv. Das Einarbeiten in AENEIS ist trotz teilweise verwirrender Begriffe sehr kurz. Die Verwirrung besteht vor allem bei den Aktivitäten, Aufgaben und Arbeitsschritte, da diese Begriffe im Handbuch ungenügend genau beschrieben werden. Das Handbuch müßte überarbeitet werden. Dieses Problem wird durch das „Quickstart-Heft", Schulungshandbuch und die sehr gute Hot-Line ausgeglichen. Schade ist nur, daß der Quickstart und das Schulungshandbuch nur auf Anfrage versendet werden. Bestimmte Funktionen sind, wie in allen Programmen, gewöhnungsbedürftigt. Das saubere Positionieren von Objektverbindungslinien bedarf einer gewissen Eingewöhnungszeit. Jedoch erwies sich diese Art als sehr vorteilhaft. Die Ipro GmbH gibt im Handbuch an, daß beim Importieren die Dateigröße nicht groß sein darf. Es ergaben sich beim Importieren Probleme.

6 ARIS

6.1 Basisinformation

ARIS ist eine Abkürzung für Architektur Integrierter Systeme und wird von der Firma IDS Prof. Scheer, Gesellschaft für Datenverarbeitungssysteme mbH entwickelt und vertrieben. Für die Durchführung dieses Projektes stand zum einen eine Netzversion 3.1.a sowie eine Einzelplatzversion 3.2 zur Verfügung. ARIS ist ein modular aufgebautes Tool, das in verschiedenen Ausstattungen erworben werden kann. Die Einzelplatzversion enthielt eine Dokumentation, CD-ROM, Hardkey, einen Satz Ergänzungsdisketten für die MS Project Schnittstelle und eine Zusatzdokumentation für die MS Project Schnittstelle. Die Lizensierung umfaßte folgende Module: ZM1 Vorgangskettendiagramm (VKD), ZM2 SP-Modelle, ZM3 Objektorientierte Modellierung (Rumbaugh), ZM4 Modell des DV-Konzeptes, ZM5 Modelle des Implementierungskonzeptes, ZM6 Fachbegriffsmodelle, ZM7 Regeldiagramme für eigene Referenzmodelle, ZM8 IEF Modelle, ZM9 SeDaM-Datenmodellierung, ZM10 Materialflußmodelle, ZM11 DEC: Methode RAMS, MS Project Schnittstelle, ARIS Simulationskomponente und ARIS Promt. Durch einen Dongle (Hardkey) wird ein Verfielfältigen verhindert.

Installation

Die Installation erfolgte mittels CD-ROM, je nach Art der erworbenen Lizenz, entweder als Stand-alone-Version auf der lokalen Festplatte oder als Client-Server-Version. Die Installation des ARIS-Toolsets erfolgt weitestgehend automatisch durch das Installationsprogramm. Für die Installation und Nutzung einer Stand-alone-Version reicht ein gängiger PC aus. Für die Nutzung der Simulationskomponente wird Windows NT benötigt. Besonderheiten bzw. Schwierigkeiten sind während der Installation nicht aufgetreten.

Beschreibungssichten

Nach Angaben des Herstellers lassen sich mit dem ARIS-Toolset Funktionen, Geschäftsprozesse, Daten- und Organisationsstrukturen ganzheitlich und detailliert analysieren, optimieren und dokumentieren. Zur Komplexitätsreduzierung wird das ARIS-Toolset in vier Sichten gegliedert. Dies sind:

- Funktionssicht
  In ihr werden die Aufgaben und die zwischen den Aufgaben bestehenden Beziehungen zum Ausdruck gebracht

- Organisationssicht
  Die Aufbaustruktur eines Unternehmens wird in der Organisationssicht modelliert.

- Datensicht
  Informationsobjekte und deren Attribute sowie die Beziehungen zwischen den Informationsobjekten werden in der Datensicht beschrieben.

- Steuerungssicht
  Das Zusammenspiel der anderen drei Sichten wird in der Steuerungssicht beschrieben. Das zentrale Element bilden dabei die Geschäftsprozesse.

Innerhalb dieser Sichten stehen zahlreiche Modelltypen zur Verfügung, auf die im weiteren Verlauf näher eingegangen wird.

Abbildung 6.1:
Beschreibungs-
sichten von ARIS

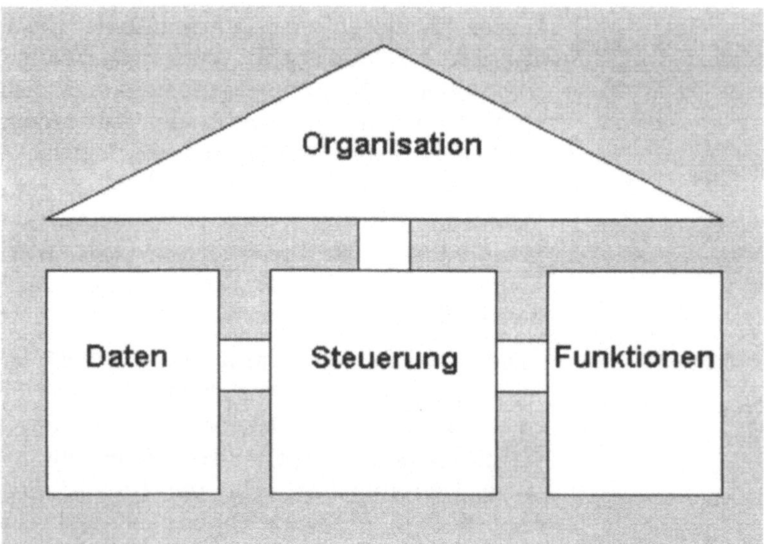

Beim Start von ARIS muß in einem ersten Arbeitsschritt eine Datenbank angelegt bzw. geöffnet werden. Eine Datenbank enthält alle Modelle und Objekte. Für die Erstellung und Verwaltung von Datenbanken kann ein eigener Datenbankadministrator bestimmt werden. In einem zweiten Arbeitsschritt erfolgt die Sprachauswahl. Hier stehen neben Deutsch auch Englisch, Französisch oder Italienisch zur Auswahl. Der dritte Arbeitsschritt besteht darin, einen sogenannten Methodenfilter auszuwählen. Der Methodenfilter legt fest, welche Modell-, Objekt-, Attribut-, Symbol-, Kanten- und Hinterlegungstypen dem Benutzer am Bildschirm angezeigt werden. Nach diesen ersten drei Arbeitsschritten öffnet sich der Startbildschirm von ARIS.

Abbildung 6.2:
Startbildschirm von
ARIS

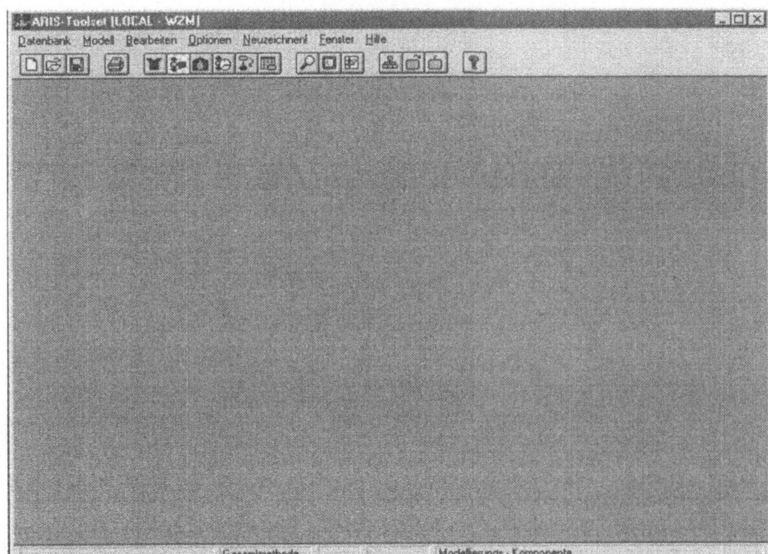

Über das Menü Bearbeiten oder per Direktwahl der Buttons unterhalb der Menüleiste können folgende Komponenten des Toolsets aktiviert werden:

- Modellierungskomponente
  Sie bildet die Basiskomponente des ARIS-Toolsets, innerhalb derer alle Unternehmensmodelle in den unterschiedlichen Sichten erfaßt werden können.

- Analysekomponente
  Die in der Modellierungskomponente erfaßten Modelle können mittels der Analysekomponente bewertet werden, die wiederum eine Reihe von Funktionalitäten zur Verfügung stellt.

- Navigationskomponente
  Sie ermöglicht die benutzergerechte Präsentation der in der Modellierungskomponente erfaßten Modelle.

- Simulationskomponente
  ARIS-Simulation ermöglicht die dynamische Betrachtung von Geschäftsprozessen.

- Prozeßkostenmanagementkomponente
  ARIS-Promt ist ein eigenständiges Modul des ARIS-Toolsets und unterstützt die modellbasierte Prozeßkostenrechnung.

- Monitoringkomponente
  Die Monitoringkomponente ermöglicht es, die ARIS-Workflowgesteuerten Prozesse während der Laufzeit zu visualisieren.

Haupteinsatzbereiche laut Hersteller sind das Business Process Reengineering, Unterstützung bei der Zertifizierung nach der DIN EN 9000ff, Software-Auswahl und Software-Einführung. Zusätzlich bietet ARIS Referenzmodelle für unterschiedliche Branchen an.

6.2 Aufgabenanalyse

Modelltypen

Eine Aufgabenanalyse kann in ARIS in der Funktionssicht durchgeführt werden. Die Funktionssicht bietet folgende Modelltypen zur Auswahl: Y-Diagramm (ermöglicht die Darstellung von CIM-Funktionen), Zieldiagramm (zur Definition und Hierarchisierung von Zielen) und den Funktionsbaum. Der Modelltyp Funktionsbaum ermöglicht die Modellierung und Hierarchisierung von Aufgaben in einer statischen Sicht. Eine Funktion wird in ARIS als Aufgabe bzw. Tätigkeit an einem Objekt zur Unterstützung eines oder mehrerer Unternehmensziele definiert. Es können beliebig viele Funktionsbäume angelegt werden, für die jeweils ein eigenes Fenster angelegt wird.

Eingabe

Durch Auswahl des Objektsymbols Funktion können beliebig viele Aufgaben erzeugt werden. Zunächst können die leeren Objektsymbole frei im Fenster plaziert werden.

Eigenschaften

Befindet sich der Mauszeiger auf einem Objekt, kann durch einen Doppelklick auf die linke Maustaste der Objektattributdialog geöffnet werden. Neben dem Namen der Funktion können hier zahlreiche Attribute für eine Funktion vergeben werden. Zu den wichtigsten Attributen zählen neben dem Namen: Identifizierer, Bearbeitungsart, Häufigkeit, Kosten, Zeiten, Mengenvolumen, Workflow, Promt-Attribute, Simulation und Fremdsystem Attribute, die wiederum Unterkategorien beinhalten. Eine Unterkategorie für Zeiten sind z.B. Bearbeitungszeiten, die als mittlere, minimale und maximale Bearbeitungszeiten angegeben werden können. Konsistenzprüfungen werden bei der Eingabe von Werten nicht vorgenommen, d.h., der Maximalwert kann kleiner als der Minimalwert sein.

Abbildung 6.3:
Objektattributdialog

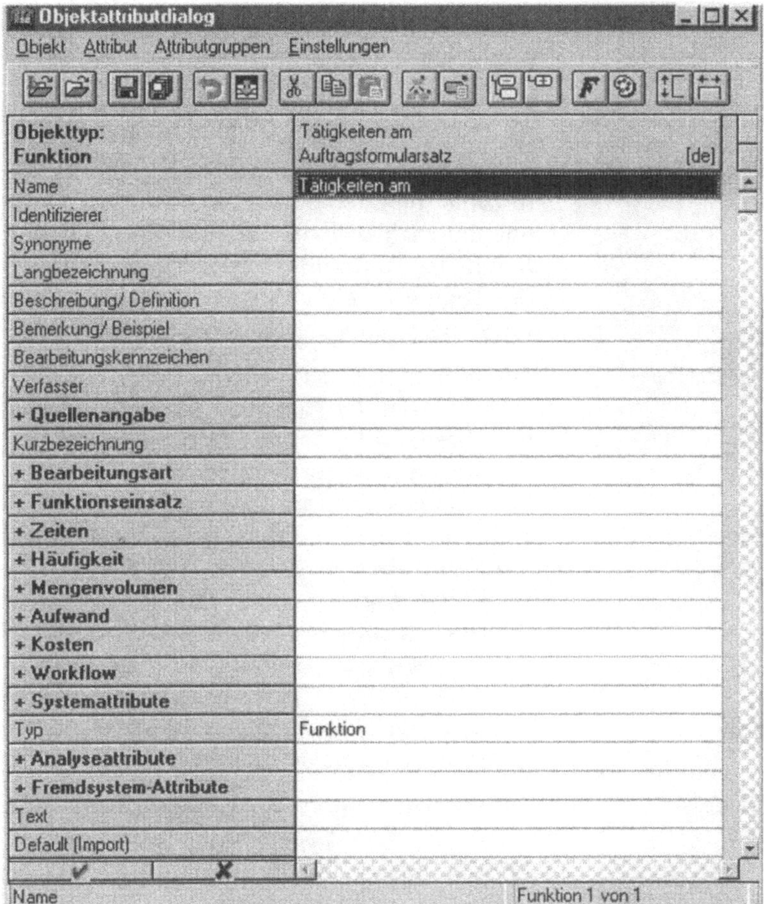

Der Objektattributdialog kann abschließend wieder geschlossen werden, woraufhin der Name der Funktion im Objekt angezeigt wird. Um das Eingeben von aufeinanderfolgenden Funktionen zu erleichtern, ist es ratsam, den Objektattributdialog geöffnet zu lassen und nur durch einen Doppelklick des zu bearbeitenden Objekts dessen Objektattributdialog zu öffnen. Arbeitszeitsparend ist außerdem die Möglichkeit einmal erfaßte Attribute auf andere Funktionen zu übertragen (kopieren) oder Werte zu vererben.

Eindeutigkeit

Die Eindeutigkeit einer Funktion wird über deren Name festgelegt. Wird eine Funktion gleichen Namens erneut vergeben, gibt ARIS beim Speichern der Funktion die Meldung aus, daß dieses Objekt keine Eindeutigkeit besitzt. Bei der Erstellung von Kopien unterscheidet ARIS drei Kopiermöglichkeiten: Definitionskopie, Referenzkopie und Ausprägungskopie

Kopiermodi

Bei der Ausprägungskopie gibt es nur eine Objektdefinition in der Datenbank. Mittels der Referenzkopie werden zwei Objektdefinitionen in der Datenbank angelegt, die durch einen Referenzlink miteinander verbunden sind. Zwei Objektdefinitionen mit unterschiedlichen Identifizierern in der Datenbank werden durch die Definitionskopie erzeugt. Optisch unterscheiden sich die Kopien nicht voneinander. Die Kopiermodi können auch über verschiedene Funktionsbäume hinweg eingesetzt werden.

Verknüpfung

Funktionen können mittels Kanten (Verbindungslinien) miteinander verbunden werden. Zur Auswahl stehen „ist prozeßorientiert übergeordnet", „ist verrichtungsorientiert übergeordnet" oder „ist objektorientiert übergeordnet". Zur Arbeitserleichterung kann ein Kantentyp automatisch beibehalten werden, so daß die Auswahlbox nicht bei jeder Verknüpfung erneut aufgerufen werden muß. Zur übersichtlicheren Darstellung von umfassenden Aufgabenanalysen gibt es die Möglichkeit, Funktionen in einem neuen oder bereits bestehenden Funktionsbaum (Hierarchisierung neues oder bestehendes Modell) fortzuführen. Diese Form der Hierarchisierung kann über beliebig viele Stufen hinweg durchgeführt werden. Eine hierarchisierte Funktion wird durch einen Punkt am oberen Objektrand sichtbar gemacht.

Darstellung

Funktionen werden im Funktionsbaum grafisch dargestellt. Der Name der Funktion wird im Objekt eingeblendet. Entlang des Objektrahmens können maximal sechs Attribute eingeblendet werden. Die Werte werden außerhalb des Objektes plaziert. Ein automatischer Zeilenumbruch oder Schriftgrößenanpassung für die Namen von Funktionen findet nicht statt. Dies hat zur Folge, daß diese auch über den Rand des Objektes hinaus dargestellt werden.

Abbildung 6.4: Funktion in ARIS

mittlere Bearbeitungszeit: 27

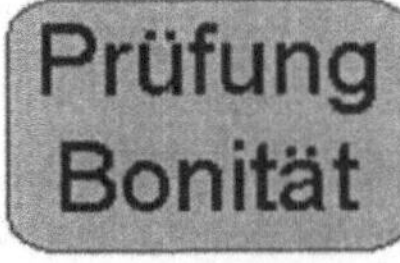

Ein modellierter Funktionsbaum kann nach verschiedenen Kriterien horizontal und vertikal automatisch ausgerichtet werden. Die automatische Layoutgenerierung kann auch nur für selektierte Objekte durchgeführt werden. Die automatische Layoutgenerierung liefert durchweg gute Resultate.

Abbildung 6.5:
Funktionsbaum in
ARIS

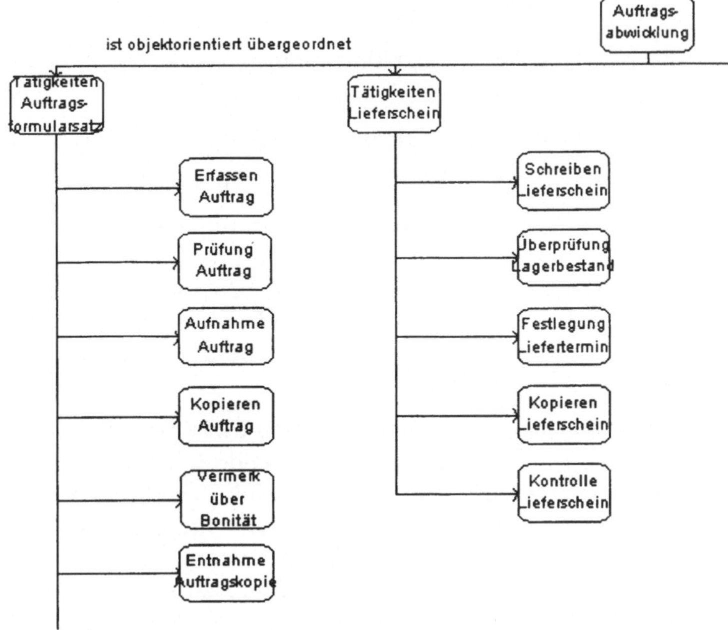

Integration

Die im Funktionsbaum erfaßten Funktionen stehen der Steuerungssicht für die Prozeßmodellierung zur Verfügung. Aus einem bereits modellierten Prozeß kann nachträglich ein Funktionsbaum automatisch generiert werden. Der bei der automatischen Funktionbaumgenerierung verwendete Kantentyp lautet „ist prozeßorientiert übergeordnet".

6.3   Prozeß

Modelltypen

Die Darstellung von Prozessen erfolgt in ARIS in der Steuerungssicht. Innerhalb der Steuerungssicht stehen folgende Modelltypen zur Verfügung:

- Analyser Regeldiagramm

- Analyser Typologiediagramm

- erweiterte ereignisgesteuerte Prozeßkette (eEPK)

- erweiterte ereignisgesteuerte Prozeßkette mit Materialfluß

- Ereignisdiagramm
- Funktionsausführungsdiagramm
- Funktionsanalysediagramm
- Funktionszuordnungsdiagramm
- Informationsflußdiagramm
- Prozeßauswahlmatrix
- Regeldiagramm
- Vorgangskettendiagramm
- Vorgangskettendiagramm mit Materialfluß
- Wertschöpfungskettendiagramm

Zahlreiche der zuvor aufgelisteten Modelltypen dienen der Darstellung von Verbindungen zwischen den Objekten der Daten-, Funktions- und Organisationssicht. Für die Darstellung von Prozessen bilden „erweiterte ereignisgesteuerte Prozeßkette" (eEPK) und das „Vorgangskettendiagramm" die zentralen Darstellungsvarianten.

Prozeßelemente

Grundelemente der Prozeßmodellierung in ARIS sind Ereignisse, Funktionen und Verknüpfungsoperatoren. Ein Ereignis beschreibt einen Zustand, der den weiteren Ablauf eines Prozesses steuert oder beeinflußt. Ereignisse lösen demzufolge Funktionen aus, die wiederum Ereignisse erzeugen. Daraus entstehen die sogenannten ereignisgesteuerten Prozeßketten. Sie beginnen und enden jeweils mit einem Ereignis. Zwischen Ereignissen, die Prozesse auslösen, und Ereignissen, die auf Funktionen eintreten, wird nicht unterschieden. Verknüpfungsoperatoren bilden die UND-Verzweigung, ODER-Verzweigung und die XOR-Verzweigung (Exclusiv-oder-Verknüpfung).

Eingabe

Für die Modellierung von Prozessen stehen neben den drei Grundelementen eine Reihe weiterer Objektsymbole (Prozeßschnittstelle, Cluster, Entitytyp, Beziehungstyp, umint. Beziehungstyp, b-Attribut (ERM), S-Attribut (ERM), Fachbegriff, Organisationseinheit, Stelle, Person intern, Person extern, Standort, Gruppe, Ordner, Dokument, Kartei, Datei, Magnetband, FAX, Telefon, Allgemeine Ressource, Typ Anwendungssystem, Typ Modul, Typ-DV Funktion, Typ HW-Komponente, know-how und FS-Attribut (ERM)) zur Auswahl, die zunächst ohne inhaltliche Bedeutung ins Prozeßfenster eingefügt werden können. Anschließend können den Objekten neue Inhalte und/oder Attribute über den Objektattributdialog zugeordnet werden.

Verknüpfung

Verbindungen zwischen den Objektsymbolen werden durch einen entsprechenden Kantentyp, der als Symbol aktiviert werden kann, erzeugt. Verbindungen zwischen Ereignissen sind definitorisch nicht zulässig. Als Verbindung zwischen Ereignis und Funktion steht ein Kantentyp bereit, dem Attribute wie z.B. die Übertragungszeit zugeordnet werden können. Ereignisse können mehrere Funktionen auslösen. Mehrere Kantentypen (führt aus, ist fachlich verantwortlich, ist dv-verantwortlich, muß informieren über Ereignisse von, muß informiert werden über, entscheidet über, wirkt mit bei, muß bei Abbruch informiert werden und wirkt beratend mit) stehen zwischen Organisationseinheiten, Stelle, Person und Funktionen zur Verfügung. Die zuvor aufgelisteten Kantentypen schließen sich untereinander nicht aus, so daß z.B. zwischen einer Stelle und einer Funktion mehrere unterschiedliche Kantentypen erzeugt werden können. Bezogen auf das Layout unterscheiden sich die Kantentypen nicht, der Name des Kantentyps kann nachträglich eingeblendet werden. Je nach Objektsymbol steht ein Kantentyp oder eine Auswahl zur Verfügung, die für die weitere Modellierung beibehalten werden können. Prozesse können analog zu Funktionen im Funktionsbaum auch im Prozeß hierarchisiert werden. Dadurch können beliebig viele verknüpfte Unterprozesse erzeugt werden.

Darstellung

Zur Darstellung von Geschäftsprozessen stehen unterschiedliche Darstellungsvarianten zur Verfügung, die als Modelltypen zu Beginn dieses Abschnittes beschrieben worden sind. Die zentralen Darstellungsvarianten sind die eEPK und das Vorgangskettendiagramm.

Die Anordnung der Prozeßelemente kann wie in allen anderen Modelltypen, automatisch nach verschiedenen Kriterien durchgeführt werden. Neben dem Namen des Objektelements, der im Objekt eingeblendet ist, können um das Objekt an sechs Anknüpfungspunkten zusätzliche Attribute eingeblendet werden.

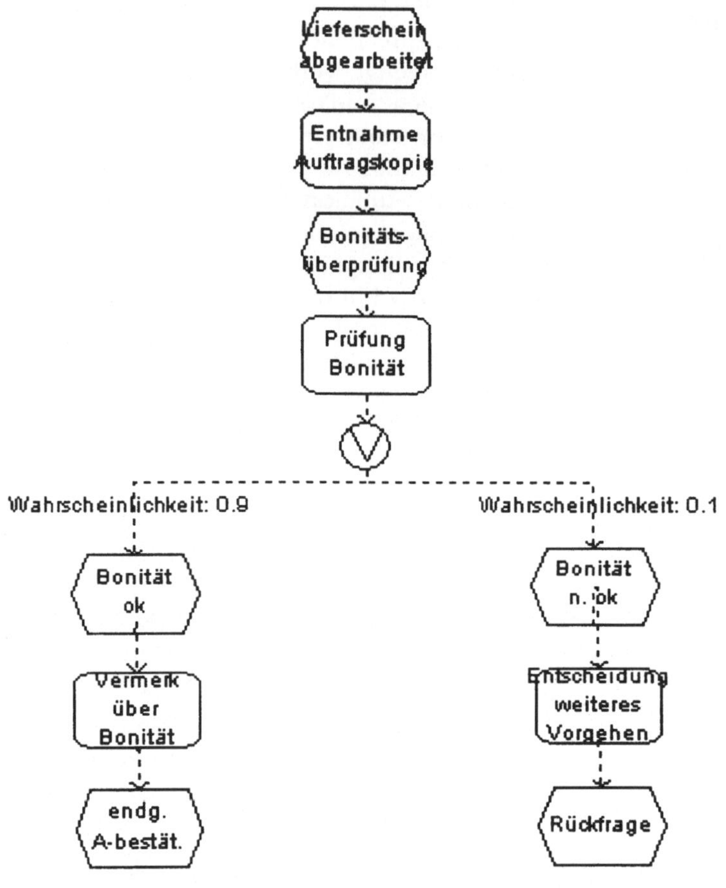

Ein Prozeß, der in Form einer eEPK modelliert wurde, kann automatisch in ein Vorgangskettendiagramm umgewandelt werden und umgekehrt.

Bedingungen

Zur Abbildung von Prozeßverzweigungen stehen in ARIS drei eigenständige Objektsymbole (UND, ODER und XOR) zur Verfügung. Zusätzlich können Verzweigungsregeln selbst definiert werden. Für die einzelnen Objektsymbole können Namen und Attribute vergeben werden. Bei ODER-Verzweigungen können Wahrscheinlichkeiten angegeben werden. Konsistenzprüfungen bei der Verbindung mit ein- und ausgehenden Kanten erfolgen nicht.

Abbildung 6.7:
Vorgangsketten-
diagramm in ARIS

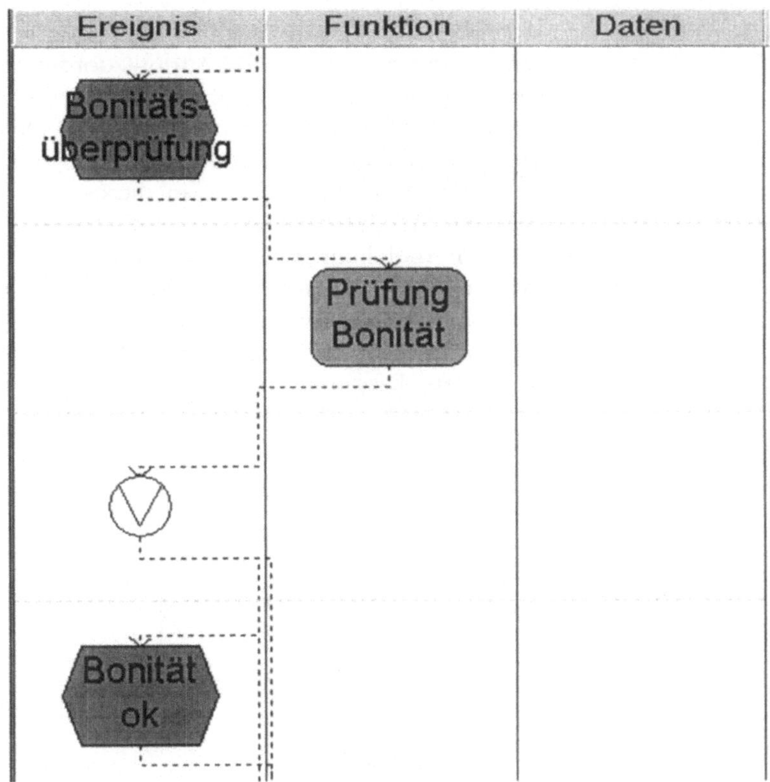

Integration

Die Steuerungssicht verbindet die Daten-, Organisations- und die Funktionssicht von ARIS miteinander, wodurch sich Geschlossenheit ergibt. Startet man mit der Prozeßmodellierung, kann anschließend aus den im Prozeß erzeugten Funktionen ein Funktionsbaum automatisch generiert werden.

6.4   Informations-/Datenmodell

Die Modellierung von Datenmodellen erfolgt in der Datensicht. Innerhalb der Datensicht lassen sich Informationsobjekte, die aus betrieblichen Vorgängen resultieren oder von solchen benötigt werden, in ihren Strukturen dokumentieren. Die zur Verfügung stehenden Modelltypen sind:

- erweitertes Entity-Relationship-Modell (eERM)

- eERM-Attributzuordnungsdiagramm

- Fachbegriffsmodell

Modelltypen

Mit Hilfe von eERMs wird die Datensicht eines Unternehmens auf der semantischen Ebene dargestellt. Es erfolgt die Abbildung der Objekttypen und deren Beziehungen, die für das Unternehmen relevant sind. EERM-Attributzuordnungsdiagramme bieten die Möglichkeit, für jeden Entity- und Beziehungstypen die ERM-Attributzuordnungen in einem eigenen Diagramm zu hinterlegen. Der Objekttyp des eERM (Entitytyp oder Beziehungstyp) kann per Ausprägungskopie in dieses Diagramm aufgenommen werden und die Beziehungen zu ERM-Attributen modelliert werden. Hierbei kann unterschieden werden, ob es sich bei dem verbundenen ERM-Attribut um ein Schlüsselattribut, einen Fremdschlüssel oder ein beschreibendes Attribut handelt. Neben der Darstellung und Zuordnung einzelner ERM-Attribute können in diesem Diagrammtyp auch Attributtypgruppen und ihre Zuordnungen dargestellt werden.

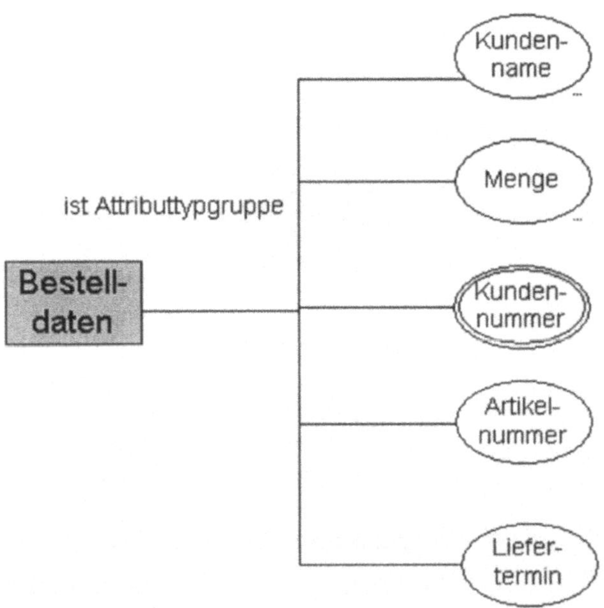

Eingabe, Layout und die Darstellungsmöglichkeiten entsprechen denen der anderen Modelltypen, so daß an dieser Stelle auf die dortigen Beschreibungen verwiesen wird.

Je nach der Art der Beziehung (Kante) zwischen Daten kann eine Hierarchisierung durchgeführt werden. Innerhalb des eERM kann eine Klassifizierung, Generalisierung, Spezialisierung, Aggregation oder Gruppierung durchgeführt werden.

Integration

Informationsflußdiagramme eignen sich zur Darstellung der Datenflüsse zwischen Funktionen. Zu diesem Zweck können in der Steuerungssicht, Modelltyp Informationsflußdiagramm, zwei Funktionen über eine Datenflußkante miteinander verbunden werden. Die Kante drückt aus, daß ein Datenfluß von der Quell-Funktion zur Ziel-Funktion existiert. Zur genaueren Spezifizierung der Datenobjekte, die zwischen den dargestellten Funktionen fließen, kann mittels Hierarchisierung der Datenflußkante der Kante ein Datenmodell hinterlegt werden, in dem die Informationsobjekte dargestellt werden, die zwischen den Funktionen ausgetauscht werden. In Abhängigkeit vom Detaillierungsgrad der betrachteten Funktionen kann es sich bei den Informationsobjekten um Datencluster, Entitytypen oder ERM-Attribute handeln.

6.5   Aufbauorganisation

Eingabe

Die Aufbauorganisation wird in ARIS in einer eigenständigen Sicht, der Organisationssicht, abgebildet. Neben dem Modelltyp Organigramm stehen in der Organisationssicht das Kostenartendiagramm und die BAB-Variante als Modelltyp zur Auswahl. Zur Modellierung der Aufbauorganisation dient der Modelltyp Organigramm. Es können beliebig viele Organigramme erstellt werden. Nach der Anlage eines Organigramms stehen zur Modellierung die folgenden Objektsymbole zur Auswahl: System-Organisationseinheitstyp, System-Organisationseinheit, Organisationseinheitstyp, Organisationseinheit, Person (intern), Person (extern), Organigramm, Stelle, Standort, Personentyp und Gruppe. Organisationseinheiten sind Träger der durchzuführenden Aufgaben. Die Organisationseinheitstypen stellen die Typisierung der einzelnen Organisationseinheiten mit gleichen Eigenschaften dar.

Beziehungen

Mögliche Kantentypen zwischen den Organisationseinheiten sind: ist bildend für, ist fachlich vorgesetzt, ist disziplinarisch vorgesetzt, ist zuständig für. Kantentypen von einer Organisationseinheit zu einer Stelle sind: ist fachlich vorgesetzt bzw. ist disziplinarisch vorgesetzt. Umgekehrt, also von einer Stelle zu einer Organisationseinheit kommt noch „ist bildend für" hinzu.

Stelle/Person

Möglich ist auch die Zuordnung von z.B. externen und internen Personen, Personentypen, Standorten oder Gruppen. Zur Darstellung einzelner Stellen im Unternehmen, für die z. B. Stellenbeschreibungen existieren, steht ein eigener Objekttyp "Stelle" zur Verfügung. Einer Organisationseinheit können mehrere Stellen zugeordnet werden. Die Bedeutung der Kanten entspricht der zwischen Organisationseinheiten. Den Stellen und Organisationseinheiten können natürliche Personen, die diese Stellen besetzen, zugeordnet werden. Auch für Personen sind eigene Objekte im ARIS-Toolset vorhanden. Die Zuordnung einer Person zu einer Stelle definiert die aktuelle Stellenbesetzung im Unternehmen. Organisationseinheiten und Personen können auch typisiert werden. Damit kann für eine Organisationseinheit z. B. definiert werden, ob es sich um eine Abteilung, Hauptabteilung oder Gruppe handelt; Personen können z. B. den Personentypen Abteilungsleiter, Gruppenleiter oder Projektleiter zugeordnet werden. Zur Darstellung dieser Typisierung existieren die Objekte "Organisationseinheitentyp" und "Personentyp". So besteht in Prozeßketten die Möglichkeit zu definieren, daß nur bestimmte Personentypen eine Funktion ausführen dürfen oder nur bestimmte Personentypen Zugriff auf ein Informationsobjekt haben dürfen.

Abbildung 6.9:
Organisationseinheit
und -typ

Das Einfügen der Objekte und die Vergabe von Attributen erfolgt wie bei allen anderen Modelltypen. Attribute wie Stellvertreter oder Verfügbarkeitszeiten können nicht angegeben werden. Die Layoutgenerierung, Plazierung von Attributen und die

Funktion der Modellhierarchisierung steht auch im Organigramm
zur Verfügung.

Abbildung 6.10:
Objekt im
Organigramm

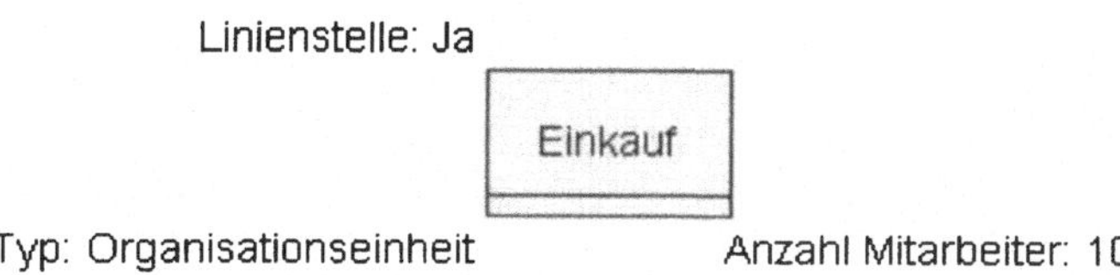

Abbildung 6.11:
Objektattributdialog
im Organigramm
(hier: Stelle)

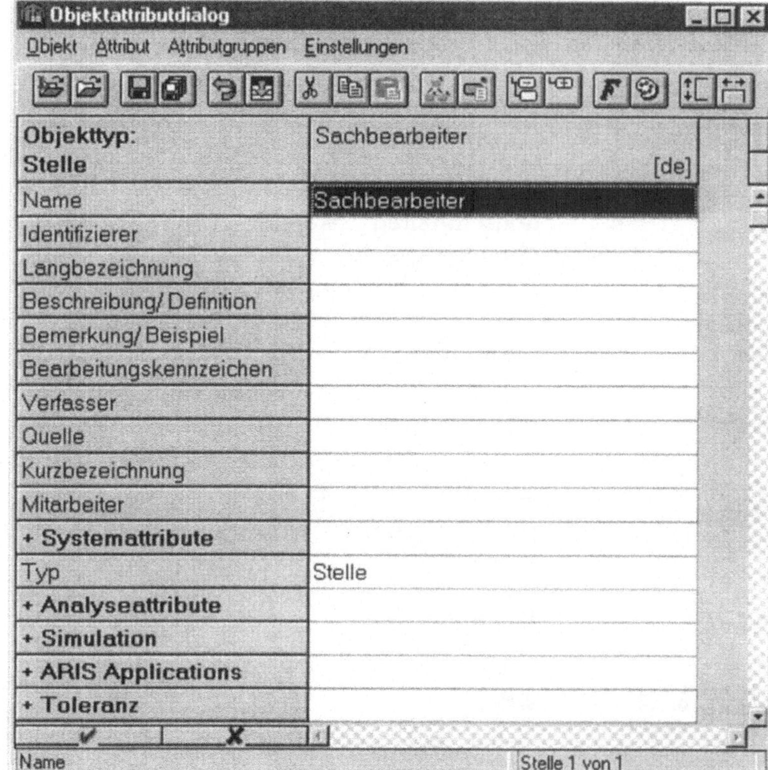

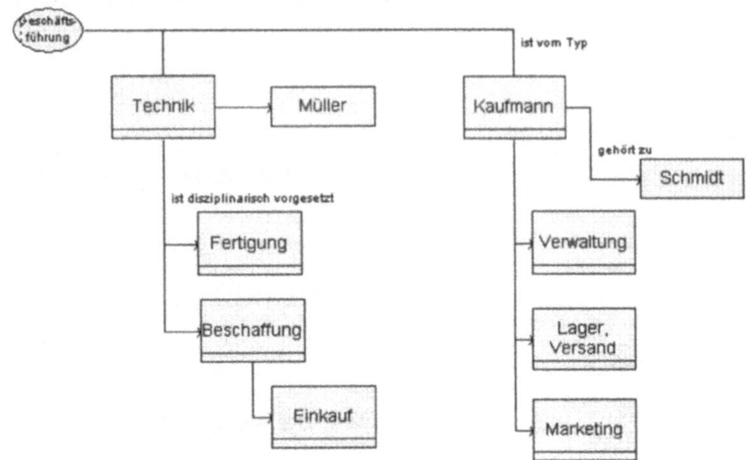

Integration

Die im Organigramm modellierten Objekte können den Funktionen in der EPK zugeordnet werden. Stellenbeschreibungen durch die Zuordnung von Aufgaben zu Personen oder Organisationseinheiten können im Funktionszuordnungsdiagramm (Steuerungssicht) erfolgen. Die Erstellung einer ausführlichen Stellenbeschreibung ist in ARIS nicht vorgesehen.

6.6   Sachmittel

Für die Erfassung von Sachmitteln steht in ARIS kein eigenständiger Modelltyp zur Verfügung. Es können lediglich Hard- und Softwarekomponenten, FAX, Telefon oder Ordner und das Objekt Allgemeine Ressource einem Prozeß zugeordnet werden. Sachmittelengpässe können in ARIS nicht analysiert bzw. simuliert werden.

6.7   Dimensionen

6.7.1   Zeit

Zeiten werden den entsprechenden Objektsymbolen hinterlegt und können über den Objektattributdialog eingegeben werden. Innerhalb der Zeiten, wie z.B. der Bearbeitungszeit, wird zwischen minimaler, maximaler und durchschnittlicher Zeit unterschieden. Im Rahmen der Simulation kann festgelegt werden, auf welche der drei Zeitvarianten zurückgegriffen werden soll. Über ein Vererbungskonzept bzw. die Kopierfunktion können die

Werte leicht übertragen werden. Für Funktionen kann neben der Bearbeitungszeit die Einarbeitungszeit und die Liegezeit (statisch) erfaßt werden. Dynamische Liegezeiten werden im Rahmen der Simulation ermittelt. Für die Zeitwerte können die Maßeinheiten Sekunden, Minuten, Stunden, Tage, Monate oder Jahre voreingestellt werden.

Abbildung 6.13: Objektattributdialog (hier: Zeiten für Funktionen)

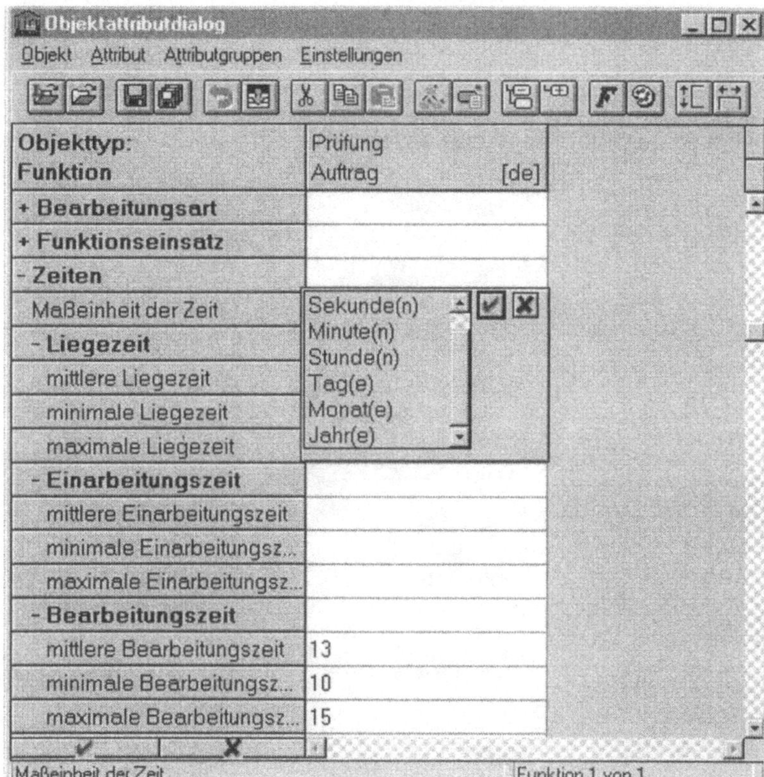

Transportzeiten, die in ARIS Übertragungszeiten genannt werden, können den Kanten, die zwischen Ereignissen und Funktionen gezogen sind, hinterlegt (Objektattributdialog) werden. Kennzahlen, wie z.B. Durchlaufzeiten, werden mittels der Analysekomponenten bestimmt. Verfügbarkeits- bzw. Sperrzeiten z.B. für Mitarbeiter sind nicht vorhanden.

6.7.2   Menge

ARIS unterscheidet zwischen Häufigkeit und Mengenvolumen. Für Funktionen kann beispielsweise die Häufigkeit pro Zeitraum angegeben werden. Für Mengenvolumen kann eine Maßeinheit, ein Zeitraum und die Häufigkeit pro Zeiteinheit erfaßt werden. Häufigkeitsangaben können auch für Ereignisse angegeben werden, worauf die Simulation zurückgreift.

Abbildung 6.14:
Objektattributdialog
(hier: Mengen und
Häufigkeit für Funktionen

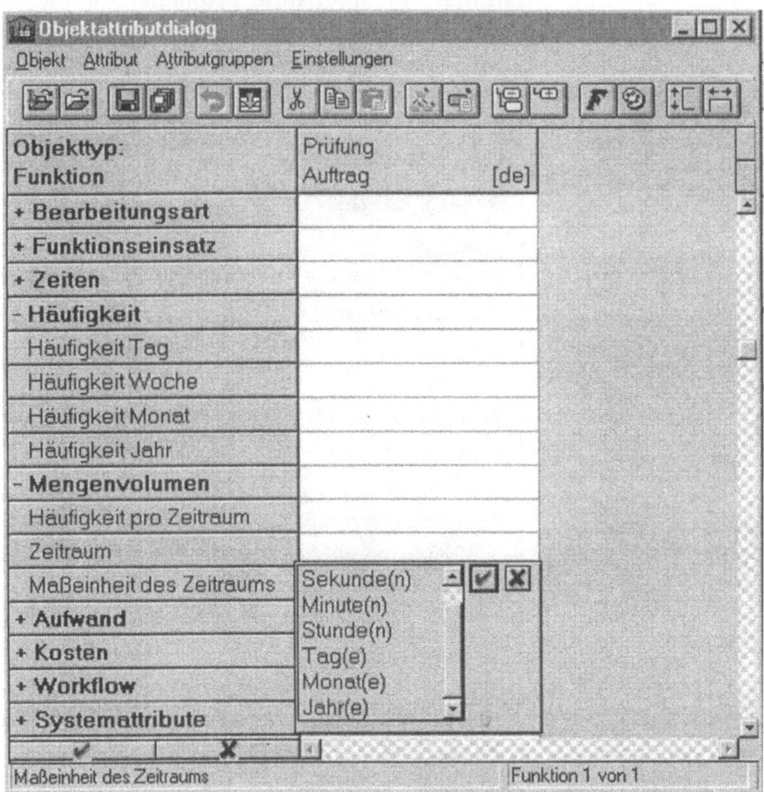

6.7.3   Kosten

Die wesentlichen Kostengrößen werden Funktionen hinterlegt. ARIS unterscheidet dabei folgende Kosten: Gesamt-, Material-, Personal-, Hilfs- & Betriebsstoff-, Energie-, versch. Gemeinkosten, Kosten für Abschreibungen, kalkulatorische Zinsen und sonstige Kosten. Für alle Kosten können mittlere, minimale und maximale Werte vergeben werden. Als Bezugsgrößen können neben DM, TDM und MDM auch andere Währungen verwendet werden.

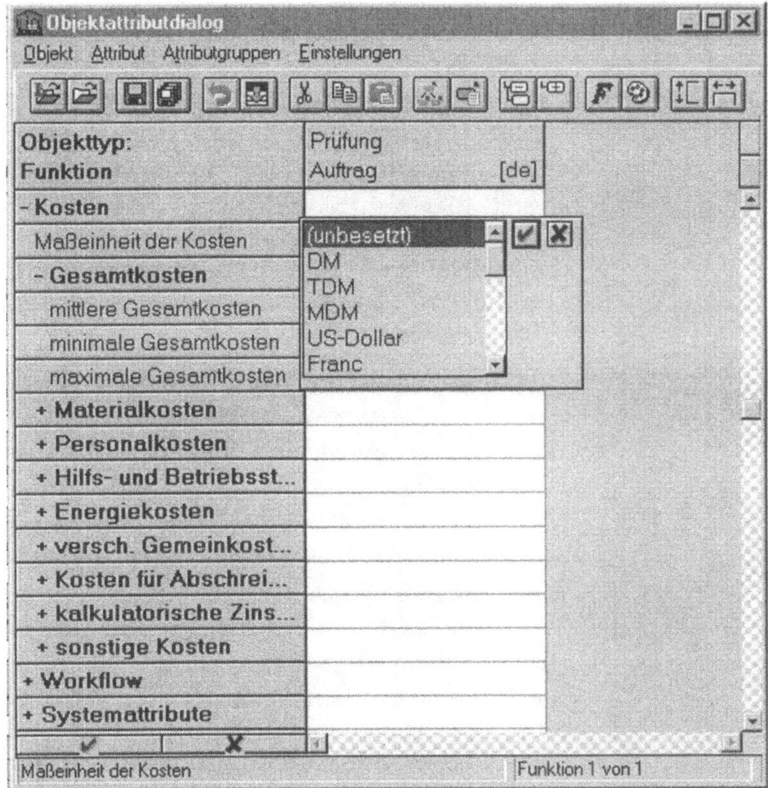

Abbildung 6.15:
Objektattributdialog
(hier: Kosten für
Funktionen)

ARIS-Promt erweitert das ARIS-Toolset um die Prozeßkostenrechnung, das Porzeßcontrolling und das Prozeßkostenmanage-
ment. ARIS-Promt ist ein eigenständiges Programm, welches voll
in das ARIS-Toolset integriert ist. Es werden spezielle Kostenmo-
delle und Verfahren und Promt-Attribute zur Verfügung gestellt.
Haupeinsatzbereich von ARIS-Promt liegt in der kostenmäßigen
Bewertung von Prozeßmodellen.

6.8   Analyse

Die Analysekomponente des ARIS-Toolsets bietet eine Reihe von
Funktionalitäten an, um die mit Hilfe der Modellierungskomponente erstellten Modelle zu bewerten und insbesondere um die
Arbeit mit Referenzmodellen zu unterstützen. Grundlagen für die
Generierung von Modellen sind zum einen eine typologische
Klassifizierung des zu beschreibenden Unternehmens und zum
anderen Referenzmodelle für die zugehörige Branche. Die abgeleiteten Modelle können vom Benutzer noch nachträglich mo-
difiziert werden und sind dann Grundlage eines sich anschlie-

ßenden Vergleichs, der z.B. Ist- und Soll-Modelle einander gegenüberstellt.

Möglichkeiten zur Bewertung von Modellen (z.B. erweiterte ereignisgesteuerte Prozeßketten) werden im Rahmen der Kennzahlenanalyse angeboten. Neben einer Analyse der Kostenarten (inkl. der Aufschlüsselung auf verschiedene Kostenarten), können eine Reihe betriebswirtschaftlicher Zeitinformationen (Durchlaufzeit, Liegezeit, Bearbeitungszeit, Übertragungszeit) berechnet werden, die eine detaillierte Analyse von betrieblichen Prozessen erlauben.

Einsatzbereiche der Analysekomponente sind:

- Generierung von Modellen auf der Basis einer Unternehmenstypologie und branchenspezifischen Referenzmodellen,

- der Vergleich von Modellen untereinander (z. B. Ist- und Soll-Modell), um Handlungsbedarf aufzuzeigen,

- Analyse und Bewertung betrieblicher Abläufe (bzgl. Kosten und Zeiten), um Schwachstellen und Rationalisierungspotentiale aufzuzeigen,

- Vergleich der Referenzmodelle verschiedener Softwareanbieter mit den Anforderungsmodellen der Unternehmen, um die Auswahl von Standardanwendungssystemen effizienter und transparenter zu gestalten.

Kennzahlen

Die Menüoption Kennzahlen des Menüs Analyse dient der Durchführung der Kennzahlenanalyse. Analysiert werden Zeit- und Kostenattribute unter Berücksichtigung von Wahrscheinlichkeiten. Eine Kennzahlenanalyse kann nur mit den Modelltypen VKD und eEPK durchgeführt werden. Um eine Kennzahlenanalyse durchführen zu können, muß das entsprechende Modell exklusiv geöffnet worden sein, d.h., die Option „nur zum Lesen öffnen" muß deaktiviert sein. Es kann bestimmt werden, zwischen welchen Start- und Endknoten die Kennzahlenanalyse, auf Basis vorher festgelegter Analyseparameter, durchgeführt wird.

Abbildung 6.16:
Analyseergebnis
(hier: Durchlauf
zeiten)

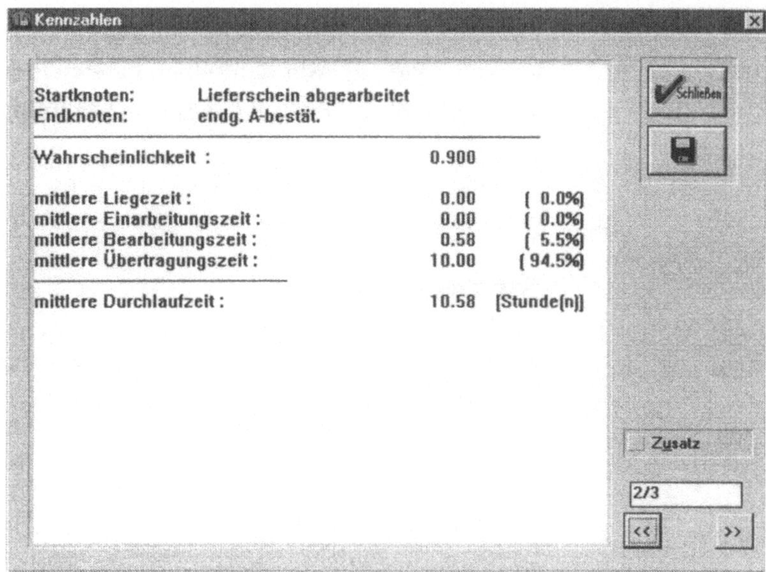

Modellvergleich

Die Menüoption Vergleich dient dem Modellvergleich zwischen Modellen desselben Modelltyps. Beispielsweise können Funktionsbäume mit Funktionsbäumen oder eEPKs mit eEPKs verglichen werden. Beim Modellvergleich wird automatisch ein Modell erzeugt, in dem die Unterschiede zwischen den zu vergleichenden Modellen, grafisch verdeutlicht werden. Diese Modelle werden mit (c) hinter dem Modellnamen gekennzeichnet. Modellvergleiche werden immer auf Basis des auf dem Bildschirm eingeblendeten Modells durchgeführt, das als Basismodell bezeichnet wird. Soll ein Modellvergleich durchgeführt werden, muß zunächst das Modell geöffnet werden, mit dem ein anderes Modell verglichen werden soll.

Es werden fünf Vergleichsmöglichkeiten angeboten:

- Der Existenzvergleich

- Ein Vergleich der Bearbeitungsart (nur beim Modelltyp "Funktionsbaum" möglich)

- Der Qualitätsvergleich (nur beim Modelltyp "Funktionsbaum" möglich)

- Der Vergleich einzelner Attribute

- Ein Existenzvergleich mit Vererbung

Dabei werden die Objekte aus Basis- und Vergleichsmodell jeweils paarweise verglichen. Voraussetzungen des Vergleichs sind:

- Basis- und Vergleichsmodell besitzen denselben Modelltyp.

- Objekte gehören demselben Objekttyp an.

- Die Objekte müssen miteinander verbunden sein.

Existiert ein Objekt nicht im Basismodell, jedoch im Vergleichsmodell, hat dies keine Auswirkungen für das vom ARIS-Toolset generierte Modell; es existiert in diesem Modell nicht.

6.9   Simulation

ARIS verfügt über eine Simulations-Komponente, die eine dynamische Betrachtung von Geschäftsprozessen ermöglicht. Die Simulationskomponente SIMPLE ++ ist ein eigenständiges Programm, das in ARIS integriert ist und aus ARIS heraus gestartet wird. Simulationsfähige Geschäftsprozesse müssen als eEPK oder Vorgangskettendiagramme modelliert sein und sollten auf ihre Konsistenz hin geprüft sein.

Ein simulationsfähiger Prozeß besteht mindestens aus einem Ereignis (Startereignis), einer darauf folgenden Funktion und einem zweiten Ereignis (Endereignis). Für das Startereignis muß eine Starthäufigkeit festgelegt sein. Vor dem Start der Simulation kann ein Simulationszeitraum festgelegt werden. Zeitpunkte, z.B. 8.00 Uhr morgens, können nicht angegeben werden.

Die Simulationskomponente verfügt über eine Animation, d.h., daß der Weg einzelner Prozeßschritte während der Simulation grafisch dargestellt wird und vom Anwender verfolgt werden kann.

Nach einer Simulation können die Ergebnisse ausgewertet werden. Hierzu können Statistiken erzeugt werden, die die Ergebnisse unter verschiedenen Aspekten aufbereiten. Es stehen folgende Statistiken zur Verfügung

- Simulationsstatistik
  Allgemeiner Überblick über den Simulationslauf

- Prozeßstatistik
  Ermöglicht die detaillierte Betrachtung der Prozesse

- Objektstatistik
  Listet die im Rahmen der Simulation angesprochenen Objekte auf

- Detailinformationen
  Gibt die Zeitwerte für die einzelnen Objekte aus

- Mitarbeiterstatistik
  Dient der Betrachtung der Mitarbeiteraktivitäten

- Kostenstatistik
  Liefert die Kosten, die durch die einzelnen Funktionen entstehen

- Schwachstellenstatistik
  Dient der Betrachtung nicht beendeter Prozesse

Abb. 6.17: Simulationsstatistik (hier: Detail-Informationen Funktionen)

Simulations-Auswertung

Datei   Anzeige   Sortierkriterium

Funktionsstatistik	Identifizierer	Prozeß-Nr.	Startzeit [ddd:hh:mm:ss]	Stopzeit [ddd:hh:mm:ss]	dynamische Liegezeit [ddd:hh:mm:ss]
Vermerk über Bonität		1	000:01:40:00	000:01:47:00	000:00:00:00
Entnahme Auftragskopie		1	000:01:12:00	000:01:13:00	000:00:00:00
Prüfung Bonität		1	000:01:13:00	000:01:40:00	000:00:00:00
Entscheidung weiteres Vorge..		1	000:01:40:00	000:02:00:00	000:00:00:00
Entscheidung weiteres Vorge..		2	000:04:04:00	000:04:24:00	000:00:00:00
Prüfung Bonität		2	000:03:37:00	000:04:04:00	000:00:00:00
Vermerk über Bonität		2	000:04:04:00	000:04:11:00	000:00:00:00
Entnahme Auftragskopie		2	000:03:36:00	000:03:37:00	000:00:00:00
Entscheidung weiteres Vorge..		3	000:06:28:00	000:06:48:00	000:00:00:00
Prüfung Bonität		3	000:06:01:00	000:06:28:00	000:00:00:00
Vermerk über Bonität		3	000:06:28:00	000:06:35:00	000:00:00:00
Entnahme Auftragskopie		3	000:06:00:00	000:06:01:00	000:00:00:00
Prüfung Bonität		4	000:08:25:00	000:08:52:00	000:00:00:00
Entnahme Auftragskopie		4	000:08:24:00	000:08:25:00	000:00:00:00
Vermerk über Bonität		4	000:08:52:00	000:08:59:00	000:00:00:00
Entscheidung weiteres Vorge..		4	000:08:52:00	000:09:12:00	000:00:00:00
Entnahme Auftragskopie		5	000:10:48:00	000:10:49:00	000:00:00:00
Entscheidung weiteres Vorge..		5	000:11:16:00	000:11:36:00	000:00:00:00

In einem weiteren Schritt können die mittels der Simulation bestimmten Werte in die ARIS-Datenbank als Attribute übernommen werden. Zur grafischen Aufbereitung der Simulationsergebnisse können diese über die Zwischenablage in andere Windows-Applikationen übertragen werden.

6.10   Dateikommunikation

Report

ARIS verfügt über einen umfassenden Report-Manager. Reports dienen der textuellen und tabellarischen Auswertung von Modellinhalten, Objektinformationen und Beziehungen aus einer ARIS-Datenbank. Die Ergebnisse können z.B. als Word-Dokument ausgegeben werden. Die Report-Funktion eignet sich insbesondere für die Auswertung von Modellen zur Erstellung von Verfahrensanweisungen gemäß der DIN EN ISO 9000ff. Hierzu liefert ARIS bereits zahlreiche Standardvorlagen, auf die bei der Reporterstellung zurückgegriffen werden kann.

Drucken	Alle Modelle können in ARIS gedruckt werden. Größe und Inhalt des Druckbereichs pro Seite kann variabel eingestellt werden. Kopf- und Fußzeilen können eingefügt werden, und der Ausdruck kann in schwarz/weiß erfolgen.
Export/Import	Die Funktion Export/Import ermöglicht es, ein Modell, ausgewählte Modelle oder komplette Datenbankinhalte zu ex- und importieren. Die Ex- und Importfunktion bezieht sich primär darauf, den Austausch zwischen unterschiedlichen Arbeitsplätzen zu ermöglichen. Der Export von Modellen in das HTML-Format ist nicht möglich.
Navigations-Komponente	Die Naviagations-Komponente wird auch als Stand-alone angeboten und erfüllt die Funktion eines Viewers, aus dem heraus Modelle nur betrachtet werden können.

6.11 Projektmanagement

ARIS ist Multi-User-fähig und eignet sich demzufolge zum Arbeiten in Teams. Durch die Vergabe von Benutzerrechten und die Zuweisung von Filtern verfügt ARIS über eine sehr umfassende Benutzerverwaltung. Neben der Benutzerverwaltung kann in ARIS auch eine Zugriffsverwaltung erfolgen. Die Zugriffsverwaltung bestimmt, welche Modelle von welchem Benutzer bearbeitet werden können und/oder gelesen werden dürfen.

Für jedes Modell können über den Modellattributdialog die Versionattribute gepflegt werden. Für alle Datenbankelemente können im Objektattributdialog u.a. ein Verfasser und Bearbeitungsmerkmale erfaßt werden.

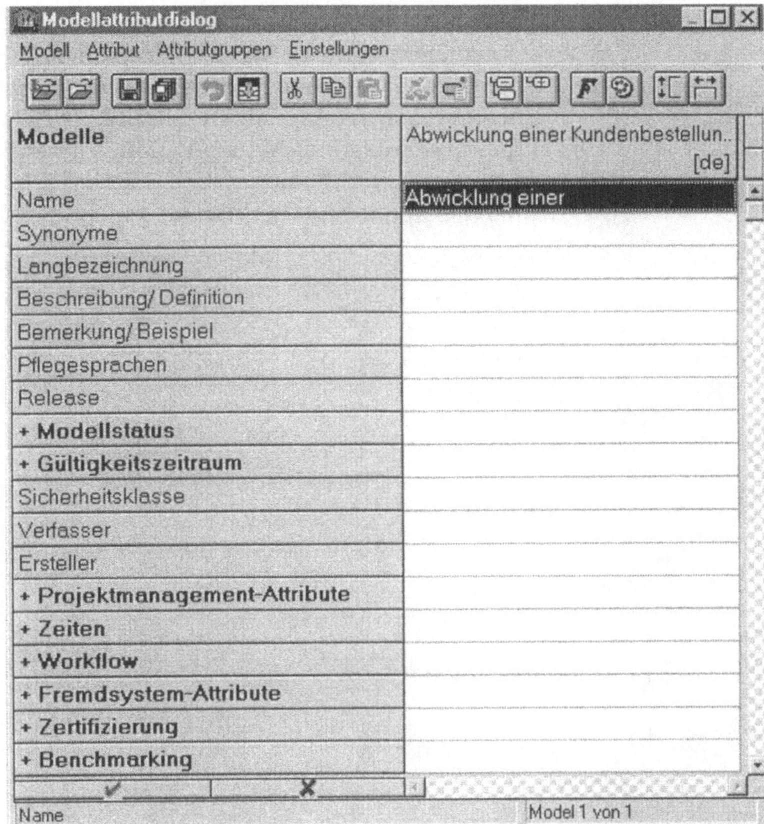

Abbildung 6.18:
Versionsverwaltung
(hier: Modellattribut-
dialog)

6.12   Sonstiges

Über das ganze Projekt hinweg zeigte sich ARIS als ein sehr stabiles Programm, so daß während der gesamten Testphase keine Schwierigkeiten auftauchten. Bezogen auf den Funktionalitätsumfang ist ARIS ein sehr umfassendes Tool, dessen ganzes Leistungsspektrum schwer zu überschauen ist. Durch die Erweiterung des ARIS-Toolsets um eine Prozeßkosten- und Simulationskomponente, wird der Funktionalitätsumfang abgerundet. Verbesserungsfähig erscheint die Integration von Sachmodellen die im Rahmen der Organisationsarbeit ein wichtiges Element darstellen und in ARIS nicht modelliert und demzufolge nicht als Restriktionen eingesetzt werden können.

Während sich die automatische Layoutgenerierung als ein sehr hilfreiches Instrument erweist, lassen die Layoutgestaltungsmöglichkeiten der einzelnen Objekte ein deutliches Verbesserungspotential erkennen. Als unbefriedigend erwies sich auch die Dokumentation und die Online-Hilfe, was z.T. möglicherweise auf die ständigen Releasewechsel zurückzuführen ist. Die Installation der Simulationskomponente gestaltete sich anders als im Handbuch beschrieben. Fehlende Begriffe in der Online-Hilfe wie z.B. Ressource oder Betriebsmittel erschwerten zusätzlich das Produktverständnis und den Umgang mit entsprechenden Objekten.

Die Nähe zur Entwicklung von Informationssystemen wird in ARIS klar erkennbar, was bezogen auf die Verbindung zu SAP sicherlich als positiv zu werten ist, bezogen auf die Organisationsarbeit liegen die Schwerpunkt z.T. aber in anderen Bereichen.

7 Bonapart

7.1 Basisinformationen

Bonapart ist ein Tool zur flexiblen Modellierung, Analyse und Simulation von Geschäftsprozessen. Haupteinsatzgebiet sind die Neugestaltung bzw. Optimierung von Geschäftsprozessen und der Bereich Business-Process-Reengineering. Die Software wird entwickelt von der Unternehmensberatung für integrierte Systeme (UBIS) GmbH. Für den Test wurden zwei Versionen zur Verfügung gestellt. Zum einen die ältere 16-Bit-Version Bonapart 2.1, zum anderen die Beta-Version der neuen 32-Bit-Anwendung Bonapart 2.2.

Wesentliche Veränderungen von Version 2.1. zu Version 2.2. sind die verbesserte Geschwindigkeit der Berechnung von Analyse- und Simulationsergebnissen und die Navigation innerhalb des Modells mittels eines Strukturbaumes. Darüber hinaus wurde die Software um einige Komponenten erweitert, auf die später näher eingegangen wird.

Interessierte erhalten auf Anfrage eine Vollversion zugesandt, der mitgelieferte Soft-Key ist 14 Tage gültig. Beide Test-Versionen verfügten über den kompletten Produktumfang. Neben der Modellierungskomponente standen auch die Analyse- und Simulationskomponente zur Verfügung. Die Software, Handbücher und Dokumentation werden in deutscher Sprache bereitgestellt. Bonapart ist auch als sogenannte Start-Up-Version erhältlich. Diese umfaßt die Modellierungs- und Analysekomponente, welche später um die Simulationskomponente erweitert werden kann.

Technische Voraussetzungen

Technische Voraussetzungen sind laut Hersteller ein IBM-kompatibler PC mit 80486-Prozessor, mind. 16 MB RAM und mind. 20 MB freier Platz auf der HD. Empfehlenswert ist die Benutzung einer hochauflösenden Grafikkarte mit mindestens 1024x768 Bildpunkten. Bonapart 2.2 ist eine Windows-Applikation, lauffähig unter den Windows-Versionen Windows NT 4.0 und Windows 95.

Der Test wurde mit einem 80486 mit 8 MB RAM, sowie einem Pentium 100 mit 32 MB RAM durchgeführt. Die Modellierungskomponente funktioniert auch bei der sehr dürftigen Ausstattung mit 8 MB noch reibungslos, lediglich der Analysator und der Simulator stürzen aufgrund mangelnder Ressourcen gelegentlich ab. Bei der Arbeit mit dem Pentium-Rechner waren während der gesamten Testphase keinerlei Instabilitäten zu verzeichnen.

Methode

Bonapart basiert auf der Kommunikationsstrukturanalyse (KSA), welche am Lehrstuhl für Systemanalyse und EDV der Technischen Universität Berlin entwickelt wurde.

Die Software ist objektorientiert aufgebaut, verbunden mit einer voneinander unabhängigen Klassen- und Instanzenbetrachtung. Mit Bonapart können eine Vielzahl von Bestandteilen der Aufbau-, wie auch der Ablauforganisation eines Unternehmens abgebildet, analysiert und simuliert werden. Diese umfassen neben betriebswirtschaftlichen Abläufen auch Organisations-, Informations- und Ressourcenstrukturen.

Installation und Kopierschutz

Die Installation erfolgt i.d.R. vom CD-ROM aus, die Software ist auf dem CD-ROM jedoch so installiert, daß sie auch auf Disketten abgespeichert werden kann um einen Diskettensatz von 8 Installationsdisketten zu erstellen. Der Kopierschutz ist in Form eines Soft-Keys realisiert, welcher bei erstmaligem Programmstart einzugeben ist.

Bonapart-Modell

Ein Bonapart-Modell besteht aus zwei Arten von Daten:

- Die sogenannten Modelldaten umfassen die inhaltlichen Informationen (wie Namen, Zeiten, Beschreibungen, Zuordnungen etc.) von Szenarios, Objekten und Relationen.

- Die sogenannten Layoutdaten umfassen die grafische Repräsentation der Szenarios mit der Darstellung und Anordnung der Objekte und Relationen.

Sowohl die Modell- als auch die Layoutdaten werden (seit der Version 2.2) in einer Datei gespeichert. Der Anwender hat zusätzlich die Möglichkeit, verschiedene grafische Repräsentationen (Layouts) der Modelle in weiteren separaten Modelldateien zu verwalten, z.B. farbig für die Bildschirmdarstellung und verschiedene Graustufen für den Ausdruck.

Nach dem Start des Programms wird das Bonapart-Fenster (Hauptfenster) geöffnet. Zusätzlich gibt es Darstellungsfenster (Grafikfenster, Textfenster, Zeitverlauffenster). Der Modell-Explorer ist ein Teil-Fenster am linken Rand des Hauptfensters und bietet eine baumartige Übersicht über die Szenarios des Modells. Die Navigation in diesem Fenster erfolgt wie im Windows-Explorer. Eine Modellierung, Neuerfassung oder auch Änderung kann in der Baumstruktur nicht vorgenommen werden.

Abbildung 7.1:
Startbildschirm von
Bonapart

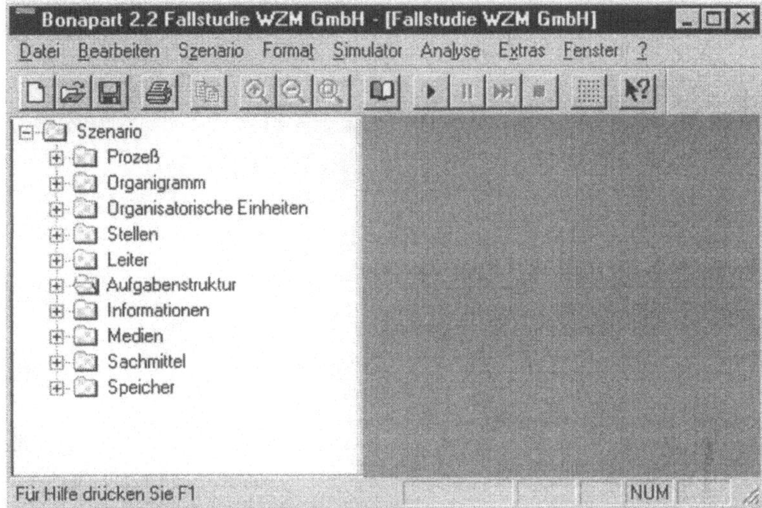

Grundsätzlich kann in Bonapart immer nur ein Modell bearbeitet werden. Ein Modell besteht in Bonapart aus mehreren Teilmodellen, welche als Szenarios bezeichnet werden. Diese Szenarios sind im einzelnen: Prozeß, Organigramm, Organisatorische Einheiten, Stellen, Leiter, Aufgabenstruktur, Informationen, Medien, Sachmittel und Speicher. Alle diese Szenarios sind zunächst leer und beinhalten keinerlei Daten. Innerhalb eines dieser Szenarios können mehrere Teil-Szenarios erstellt werden (mehrere Organigramme, Prozesse etc.).

7.2   Aufgabenanalyse

Aufgaben werden in Bonapart als Anforderungen, etwas zu tun, definiert. Jede Aufgabe erfordert zu ihrer Durchführung i.d.R. eine Aktivität (Verrichtung), ein Objekt, an dem es vollzogen wird, und einen Bearbeiter, der die Aufgabe erfüllt. Hierzu setzt der Bearbeiter Sachmittel ein. Aufgaben werden in Bonapart im Aufgabenstrukturszenario als Klassen modelliert.

Eingabe und
Generierung

Die Erstellung der Aufgabenstruktur ist auf zweierlei Arten möglich. Entweder erfolgt die Erfassung der Aufgaben direkt im separaten oben erwähnten Szenario, oder man beginnt sofort mit der Modellierung des Geschäftsprozesses. Um nach der letzteren

Variante vorgehen zu können, muß die Bottom-Up-Modellierung
für Objekte aktiviert werden. Die erste Variante bietet den Vorteil, daß die Aufgaben sofort strukturiert bzw. hierarchisiert werden können. Bei einem Vorgehen nach der zweiten Variante, ist
es möglich, basierend auf dem Geschäftsprozeß, nachträglich die
Aufgabenstruktur und deren Hierarchie generieren zu lassen.

**Abbildung 7.2:
Eigenschaften von
Aufgaben**

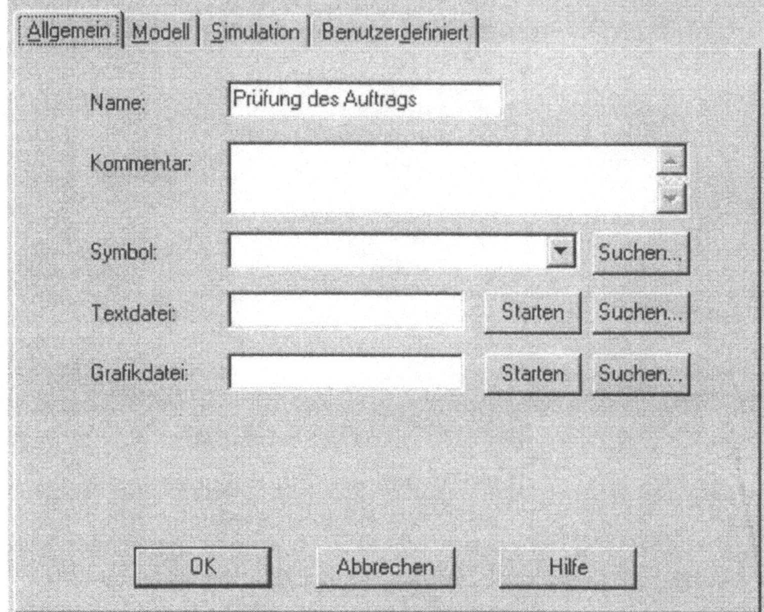

Die Eindeutigkeit einer Aufgabe wird über ihren Namen festgelegt. Eine einmal erfaßte Aufgabe kann nicht ein zweites Mal innerhalb desselben Modells angelegt werden. Bei Aufgaben gilt
eine Namenseinschränkung: Es dürfen keine Namen verwendet
werden, die mit einem Punkt oder einem Punkt und einer Zif-
fernfolge enden. Namen, die sich nur durch Groß- und Kleinschreibung unterscheiden, gelten als verschieden. Neben den
Aufgaben können im Aufgabenstrukturszenario noch Kommentare erfaßt werden.

Abbildung 7.3:
Aufgabenstruktur in
Bonapart

Verknüpfungen und
Verbindungen

Erfaßte Aufgaben können an mehreren Stellen des Geschäftsprozesses in Form einer Aktivität oder bei der Stellenbeschreibung verwendet werden. Wird eine Aufgabe direkt im Geschäftsprozeß hinzugefügt, erfolgt automatisch die Aktualisierung im Aufgabenstrukturszenario.

Die Hierarchisierung der Aufgaben erfolgt durch die Definition von Relationen zwischen Aufgaben. Mögliche Relationen zwischen Aufgaben sind die 'Ist ein'- oder 'Besteht aus'-Relation. Mittels der Relation 'Besteht aus' wird die Zusammensetzung einer Aufgabe festgelegt, also aus wieviel Teilaufgaben eine übergeordnete Aufgabe besteht.

Attribute

Die Eigenschaften/Attribute einer Aufgabe werden in den sogenannten Registerkarten hinterlegt beziehungsweise gepflegt. Für Aufgaben existieren fünf Registerkarten: Allgemein, Modell, Simulation, Bedingung, und benutzerdefinierte Attribute, die hinterlegt werden können, sind u.a. der Name des Objektes, ein zugehöriges Symbol (Bitmaps), Kosten (fixe Kosten und Kostensatz), Zeiten (Bearbeitungszeit, Liegezeit), Kommentare sowie ein Zahlengenerator, um variable Bearbeitungszeiten festlegen zu können (Gleichverteilung, Normalverteilung, Exponentialverteilung etc.). Zusätzlich kann der Anwender noch benutzerdefinierte Attribute definieren.

Darstellung

Die Darstellung der Aufgaben erfolgt ausschließlich grafisch. Die Darstellung und das Layout der Aufgabe kann variiert werden. Es kann der Text, der Rahmen, und die Aufteilung eines Objektes verändert werden. Ebenso kann ausgewählt werden, welche der zahlreichen in den Registerkarten hinterlegten Attribute (Zeiten, Symbole, Grafiken etc.) angezeigt werden sollen.

In Bonapart gibt es für Aufgaben und Aktivitäten ein Standardobjekt. Egal in welchem Szenario modelliert wird (Aufgabenstruktur oder Prozeß), ein neues Objekt, welches hinzugefügt wird, hat stets das gleiche Layout. Man kann nun nur das Layout dieses Objekts verändern, man kann aber auch das Standardlayout für alle (bereits erstellten oder zukünftig zu erstellenden) Objekte dieses Typs verändern. Dieses selbst gewählte Layout kann in einer Layout-Datei abgespeichert werden.

Eine Analysefunktion der Aufgaben besteht in der Form, daß eine Liste der erfaßten Aufgaben erstellt werden kann. Diese umfaßt allerdings nur sehr wenige Attribute. Eine ausführlichere Liste der Aufgaben mit allen Attributen ist unter den benutzerdefinierten Analysen zu finden. Alle weiteren Aufgabenanalysen beziehen sich als Aktivitätsanalysen auf den eigentlichen Geschäftsprozeß.

Weiterhin kann über die Zuordnung von Aufgaben zu Bearbeitern eine Stellenbeschreibung erstellt werden. In Bonapart umfaßt sie lediglich eine Beschreibung der Aufgaben einer Stelle. Über- oder untergeordnete Stellen und Stellvertretungen werden in der Stellenbeschreibung nicht ausgegeben.

7.3   Prozeß

Zentraler Bestandteil des gesamten Modells ist der eigentliche Geschäftsprozeß. Unter einem Prozeß-Szenario versteht man in Bonapart die Darstellung der Ablauforganisation auf einer oder mehreren Abstraktionsstufen. Ein Ablauf ist durch einen Eingang, Aktivitäten, einen Ausgang und den Informationsfluß beschrieben, der die Aufgaben betreffend ihrer logischen und zeitlichen Folge verknüpft. Aufgabenstruktur, Informationen-Szenario, Medien-Szenario, Speicher-Szenario, Sachmittel-Szenario und Organigramm sind integrierbare Bausteine bei der Erstellung eines Prozesses. Bonapart ermöglicht sowohl ein Vorgehen nach der Top-Down-, als auch nach der Bottom-Up-Methode.

**Eingabe und
Generierung**

Über die Menüleiste oder mittels Maus lassen sich neue Objekte im Prozeßszenario einfügen. Zur Auswahl stehen folgende Objekte: Aktivität, Sachmittel, Speicher, Eingang, Ausgang, Kommentar. Weiterhin besteht die Möglichkeit, bereits erfaßte Sachmittel oder Aufgaben in den Prozeß einzubinden. Die zulässigen Aufgaben, welche in einen Geschäftsprozeß eingefügt werden können, werden aus den Aufgabenstrukturszenarien abgeleitet.

**Abbildung 7.4:
Prozeßdarstellung in
Bonapart**

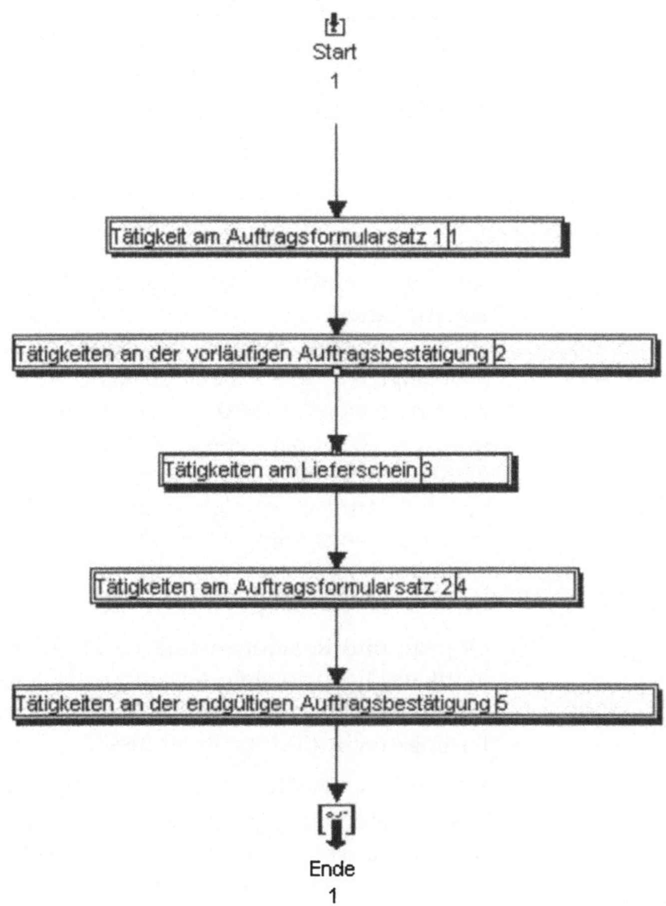

Abbildung 7.5:
Aktivität im Prozeß

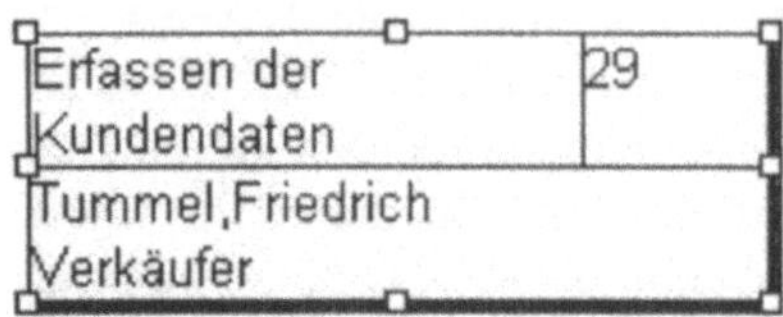

Darstellung und
Layout

Der Prozeß kann in Bonapart nur in Form einer Folgestruktur dargestellt werden. Die Darstellung der Objekte im Prozeß-Szenario unterscheidet sich nicht von der im Aufgabenstrukturszenario. Layoutänderungen für Objekte können die Größe des Objektes, den Rahmen, die Schriftart sowie die Auswahl und die Anordnung der Angaben steuern. Generell wird zwischen Änderungen des Standardlayouts und einzelner selektierter Objekte unterschieden.

Verändert werden kann das Textlayout (Textausrichtungen; Schriftart, Schriftstil, Schriftgröße, Darstellung, Schriftfarbe und Hintergrundfarbe des Objektes), das Rahmenlayout (Rahmeneigenschaften, automatische Größenanpassung, variable Breite etc.). Weiterhin können die Attribute ausgewählt werden, die angezeigt werden sollen. Es kann die Aufteilung des Objektes verändert werden, und somit können bestimmte Angaben an einer vom Benutzer gewünschten Position im Objekt angezeigt werden. Nur die Attributwerte werden angezeigt, nicht aber, um welches Attribut es sich dabei handelt. Werden z.B. zwei Kostenarten angezeigt, ist nicht klar, um welche Kosten es sich handelt. Verfeinerte Objekte werden durch einen doppelten Rahmen dargestellt.

Objekte und Relationen sind im Szenario frei positionierbar, eine vertikale, horizontale oder automatische Ausrichtung der Objekte ist möglich. Das automatische Anordnen der Objekte liefert allerdings recht dürftige Ergebnisse.

Verknüpfungen/
Integration

Wie bereits erwähnt, können in einem Prozeß-Szenario mehrere unterschiedliche Objekttypen eingefügt werden. Neben den Aktivitäten lassen sich Sachmittel, Speicher, Eingänge, Ausgänge und Kommentare darstellen. Bei der Bottom-Up-Modellierung werden beim Hinzufügen neuer Objekte im Prozeß-Szenario, entsprechend dem Objekttyp, die zugehörigen Szenarios ebenfalls aktualisiert.

Relationen/
Beziehungen

Relationen werden in Bonapart als gerichtete Beziehungen zwischen Objekten verstanden. Sie werden in Bonapart mittels einer graphischen Kante zwischen Objekten dargestellt. Je nach Szenario sind unterschiedliche Relationstypen vorhanden, es können auch benutzerdefinierte Relationen erzeugt werden. Das Layout einer Kante ist veränderbar, man hat die Auswahl zwischen mehreren Kantenverläufen (Zentrum zu Zentrum, Seite zu Seite, unterer Rand zum oberen etc.). Im Prozeß-Szenario ist auch ein manuelles Bearbeiten/Verschieben der Kanten möglich. Weiterhin können die Linienart und -dicke festgelegt werden und die Art der Pfeile.

Objekte werden über Relationen verknüpft, um:

- die Beziehung zwischen Objekten darzustellen

- die Aufgabenstruktur zu modellieren, um Ihre Prozesse entsprechend verfeinern zu können

- die Informationsflüsse darzustellen, die für die Simulation und darauf aufbauende Analysen erforderlich sind.

Innerhalb eines Prozeß-Szenarios können folgende Relationen zwischen unterschiedlichen Objekten bestehen:

- ' schickt Info' -Relationen (zwischen zwei Aktivitäten, Eingang und Aktivität, Aktivität und Ausgang, Eingang und Ausgang, Speicher und Aktivität und Speicher und Ausgang).

- ' speichert in' -Relationen (zwischen Aktivitäten und Speichern)

- ' entnimmt' -Relationen (zwischen Aktivitäten und Speichern)

- ' benutzt' -Relationen (zwischen Aktivitäten und Sachmitteln).

Je nach Art der Relation, können unterschiedliche Attribute festgelegt werden. Hierzu gehören z.B. Transportzeit, Informationsklasse, Medienklasse, Fixkosten oder ein Kommentar. Zwischen zwei Objekten können auch mehrere Beziehungen bestehen. So kann beispielsweise erfaßt und dargestellt werden, wenn bei einem Vorgang mehrere Dokumente von Aktivität A nach Aktivität B weitergegeben werden. Dies wird im Prozeß mittels mehrerer unabhängiger Relationen dargestellt.

Attribute und Bedingungen

Attribute eines Objektes werden, wie bereits in der Aufgabenanalyse erwähnt, in sogenannten Registerkarten hinterlegt. Im Prozeß-Szenario stehen für Aktivitäten, Eingänge und Ausgänge dieselben Attribute zur Verfügung wie im Aufgabenstruktur-Szenario. Auch hier können zusätzliche Attribute vom Benutzer selbst definiert werden.

Bonapart unterscheidet drei verschiedene Bedingungen:

- Eingangsbedingungen

- Ausgangsbedingungen (nicht informationsabhängig)

- Informationsabhängige Ausgangsbedingungen

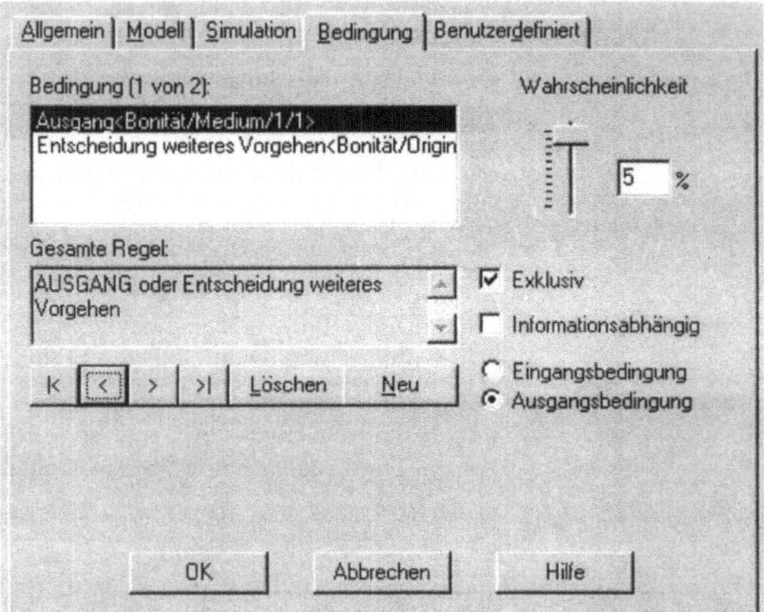

Bonapart bietet die Möglichkeit, komplexe Verknüpfungen von Informationsflüssen anzulegen. Dabei können einzelne Teilbedingungen beliebig durch logisches UND und ODER verknüpft werden. Bedingungen bestehen aus einer oder mehreren Teilbedingungen, die durch ein logisches ODER verknüpft sind. Eine Teilbedingung kann sich aus mehreren über UND verknüpften Informationsflüssen zusammensetzen.

Bei Ausgangsbedingungen kann die Wahrscheinlichkeit für die aktuelle Teilbedingung entweder über einen Schieberegler oder über ein Prozent-Zahlenfeld festgelegt werden. Es kann definiert werden, ob die Summe aller Wahrscheinlichkeiten der Teilbedingungen immer 100% beträgt oder auch Werte zulässig sind, die darüber hinausgehen.

Bei einer Top-Down-Vorgehensweise wird zunächst mit der Modellierung eines Hauptprozesses begonnen, um diesen dann beliebig zu untergliedern. Ein solcher Vorgang der Untergliederung wird in Bonapart als Verfeinerung bezeichnet. Jede Verfeinerung eines übergeordneten Schrittes wird in Bonapart in einem Unterprozeß als neues Szenario grafisch dargestellt. Zwischen diesen Hierarchiestufen bestehen Verknüpfungen, die bereits erwähnten Relationen. Generell legt Bonapart neue Szenarios an, wenn man ein bereits angelegtes Objekt verfeinert. Existiert bereits eine Verfeinerung für ein Objekt, wird das Grafikfenster der zugehörigen Verfeinerung geöffnet.

Vererbung

Bonapart besitzt ein objektorientiertes Vererbungskonzept. Durch die Vererbungsbeziehungen müssen allgemeingültige Änderungen von Objekteigenschaften nur einmal durchgeführt werden. Die geänderte Objekteigenschaft gilt dann automatisch für:

- alle Klassen, die eine Unterklasse der geänderten sind

- alle Instanzen der oben genannten Klasse.

Wird beispielsweise ein Attribut einer Aufgabe im Aufgabenstruktur-Szenario geändert, und ist die Vererbungsfunktion aktiviert, werden die Änderungen auch überall im Geschäftsprozeß nachvollzogen, wo die entsprechende Aufgabe verwendet wurde.

Eine Objekteigenschaft befindet sich so lange im Vererbungszustand, bis der ererbte Wert durch einen spezifischen ersetzt wird. Eine einmal individuell festgelegte Eigenschaft läßt sich später nicht mehr in den Vererbungszustand zurückführen.

7.4   Informations-/Datenmodell

Informationen werden im Rahmen eines Prozesses erzeugt, verarbeitet, verändert oder weitergegeben. Informationen werden auf Informationsflüssen transportiert und in Bonapart in Informationen-Szenarios modelliert. Informationen werden in Prozessen zur Beschreibung eines konkreten Vorgangs Informationsflüssen zugeordnet. Sie werden in Informationen-Szenarios als Klassen modelliert und können über die Relationen 'ist ein' und 'besteht aus' und benutzerdefinierte Relationen beliebig kategorisiert und verfeinert werden. Informationen, die im Informationen-Szenario modelliert sind, können im Prozeß Informationsflüssen zugeordnet werden. Den Informationen ist ein eindeutiger Name zuzuweisen. Als Attribute können neben den allgemeinen Eigenschaften (Kommentar, Symbol etc.) noch benutzerdefinierte Attribute hinterlegt werden.

Eine Information wird zunächst mittels des Bonapart Stan-
dardobjekts dargestellt, die Darstellung der Objekte kann analog
den Objekten im Aufgabenstruktur- oder Prozeß-Szenario verändert werden.

Abbildung 7.7:
Informationen-
Szenario

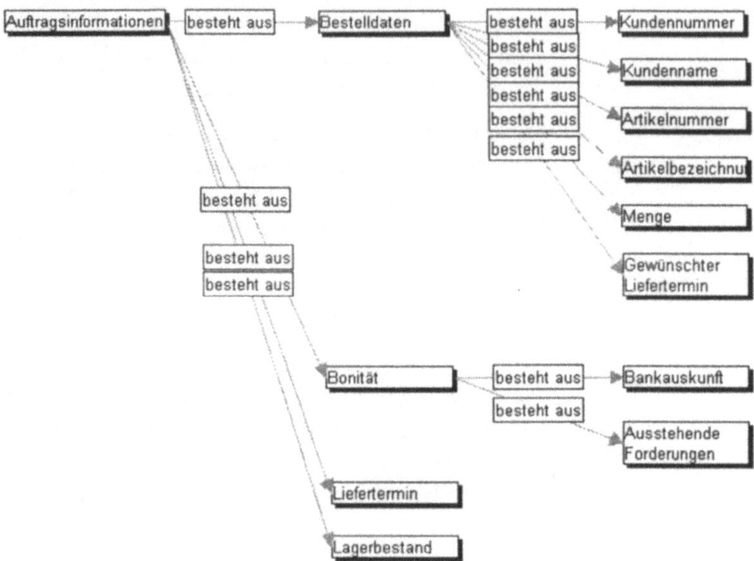

Mittels dieser Informationshierarchisierung kann in Bonapart informationsabhängig modelliert werden. Zur Verdeutlichung ein
Beispiel: In einen Prozeß werden sowohl Privat- als auch Fir-
menkredite als Anfragen eingeschleust. Oberklasse beider Informationen ist die Klasse "Kreditantrag". Eine Aktivität/Stelle, die
einen solchen Kreditantrag erhält, verzweigt nun in zwei unterschiedliche Bearbeitungsprozesse entsprechend der Art des Kre-
ditantrags. Ein ausgehender Informationsfluß mit der Information
"Firmenkredit" oder "Privatkredit" bewirkt, daß die Simulations-
funktion in Bonapart, je nach Informationsart, den entsprechenden Bearbeitungsprozeß automatisch auswählt.

Eine reine Datenmodellierung ist in Bonapart nicht vorgesehen.
Datenstrukturen und Definitionen können nicht hinterlegt werden. D.h., eine Modellierung von Entity-Relationship-Modellen
ist nicht vorgesehen.

7.5   **Organisationsstrukturen**

Die Darstellung der Organisationsstruktur eines Unternehmens erfolgt in Bonapart in 5 verschiedenen Szenarios, welche im folgenden kurz vorgestellt werden.

Die Bonapart-Bibliothek ist eine Personen-Bibliothek, in der Informationen für alle Personen gespeichert und verwaltet werden, welche innerhalb eines Modells verwendet werden. Den Instanzen vom Typ Leiter und Stelle in Organigrammen sowie den Aktivitäten in Prozeß-Szenarios können dadurch Personen zugeordnet werden.

Das Organigramm bildet ein eigenständiges Szenario. Darin erfolgt die Darstellung der Aufbauorganisation. Das Organisatorische-Einheiten-, das Leiter- und das Stellen-Szenario bilden die Basis für die Erstellung eines Organigramms, da sie die möglichen Typen der konkreten Funktionsträger definieren.

Abbildung 7.8:
Objekt im
Organigramm

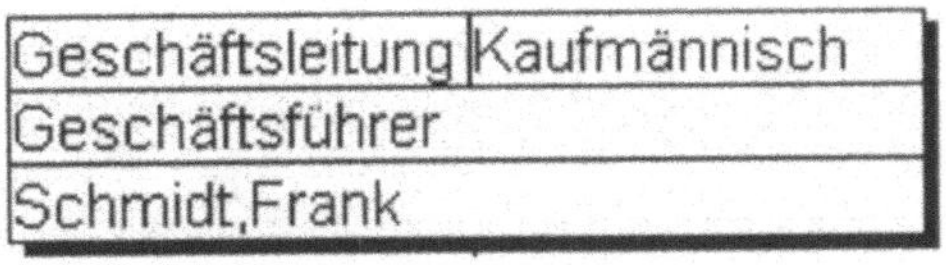

Geschäftsleitung	Kaufmännisch
Geschäftsführer	
Schmidt,Frank	

Im Organisatorische-Einheiten-Szenario erfolgt die Modellierung von Funktionsträgern. Für die unterschiedlichen Ebenen eines Unternehmens mit Leitungsfunktion können eigene Klassen definiert werden. Jede Ebene erhält eine Bezeichnung wie z.B. Geschäftsleitung, Bereich, Abteilung. Sie werden im Organigramm als Instanzen dargestellt. Bei Organisatorischen Einheiten können die Eigenschaften Kostensatz/Stunde und Fixe Kosten zugeordnet werden. Weiterhin kann noch die Leiterklasse angeben werden, die diese Organisatorische-Einheiten-Klasse leitet.

Im Leiter-Szenario werden die Leiter organisatorischer Einheiten definiert. Eine Abteilung wird z.B. von einem Abteilungsleiter geleitet. Leiter sind Organisatorischen Einheiten zugeordnet und können im Organigramm dargestellt werden. Ein Leiter ist allen dieser Organisatorischen Einheit untergeordneten Funktionsträgern vorgesetzt. Er besitzt eine eigene Stellenbeschreibung.

Im Stellen-Szenario erfolgt die Modellierung der im Unternehmen vorhandenen Stellen. Sie können über die Relation 'ist ein' klassifiziert und dem Organigramm zugeordnet werden und mit mehreren Personen besetzt sein. Eine Stelle kann in Bonapart einem anderen Funktionsträger nicht disziplinarisch, jedoch fachlich übergeordnet werden.

Attribute

Als Attribute können bei Organisatorischen Einheiten, Leitern und Stellen u.a. folgende Eigenschaften hinterlegt werden: Kapazität, Rüstzeit, Bearbeitungsstrategie, einmalige Sperrzeit und periodische Sperrzeit.

Abbildung 7.9:
Eigenschaften von
Organisatorischen
Einheiten

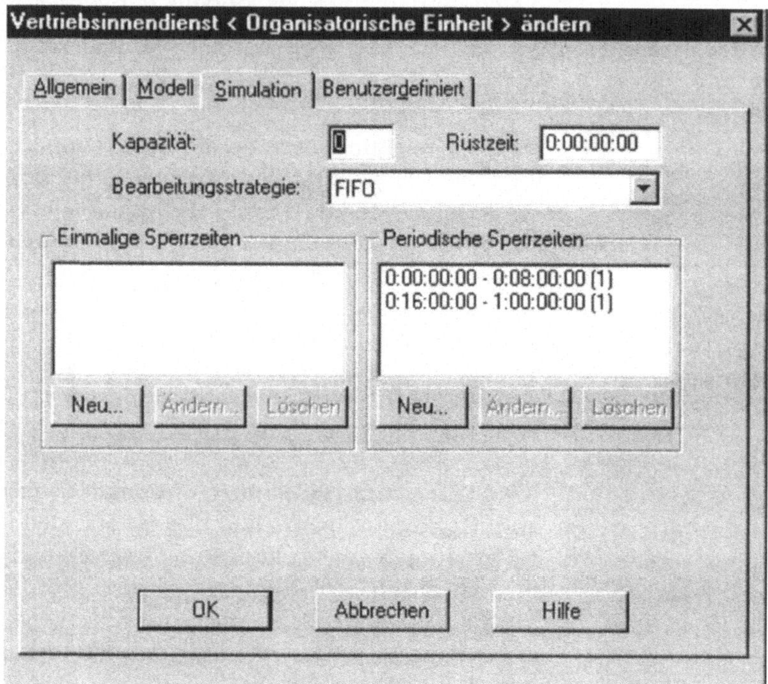

Innerhalb eines Organigramms lassen sich Organisatorische Einheiten-, Stellenobjekte und ein Kommentar einfügen. Zur Darstellung von Organisatorischen Einheiten und Stellen wird das rechteckige Objekt verwendet. Die unterschiedlichen Objekte unterscheiden sich farblich voneinander. Im vorliegenden Beispiel wurden als anzuzeigende Attribute bei den abgebildeten Organisatorischen Einheiten die Basisklasse, der Name der Klasse, die Leiterklasse und der Manager ausgewählt. Bei den Stellen die Basisklasse, deren Namen und die Person(en), welche die Stelle gegenwärtig besetzt. Im Organigramm können Organisatorischen Einheiten und Stellen eine oder mehrere Personen aus der (vorher zu erfassenden) Personen-Bibliothek zugeordnet werden. Die den Personen hinterlegten Daten (Kostensatz/-

Stunde, Sperrzeiten etc.), werden bei Analysen und der Simulation verwendet.

Abbildung 7.10:
Zuordnung von
Personen

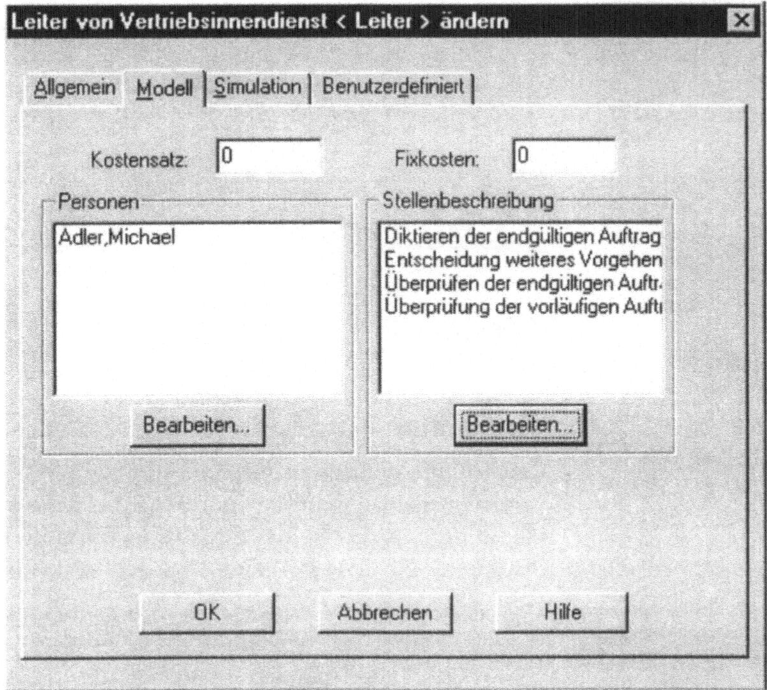

Beziehungen

Die Beziehungen im Organigramm von Organisatorischen Einheiten zu anderen Funktionsträgern werden mittels der Relationen ' ist fachlicher Vorgesetzter' bzw. 'ist disziplinarischer Vorgesetzter' festgelegt. Ein disziplinarisches Vorgesetztenverhältnis beinhaltet ein fachliches Vorgesetztenverhältnis. Es können auch benutzerdefinierte Relationen erzeugt werden.

Die Darstellungs- und Layoutmöglichkeiten sind die gleichen, wie sie in den vorherigen Abschnitten geschildert wurden.

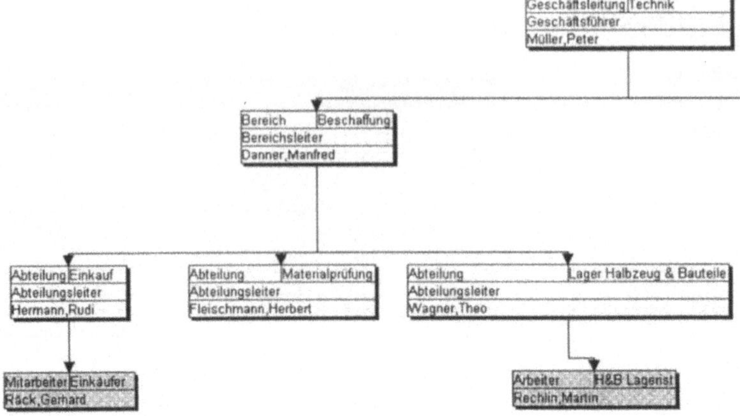

Abbildung 7.11:
Organigramm in
Bonapart

7.6   Sachmittel

Sachmittel werden zur Bearbeitung einer Aufgabe benötigt. Sie werden in Bonapart in einem eigenständigen Sachmittel-Szenario definiert und können über die Relationen 'besteht aus' und 'ist ein' beliebig verfeinert und hierarchisiert werden.

Das Layout dieser Objekte kann entsprechend den Beschreibungen in vorherigen Abschnitten verändert werden. Beim Einfügen eines Sachmittels in einen Prozeß hebt Bonapart das Sachmittel gegenüber den Aktivitäten im Prozeß durch einen grauen Objekthintergrund für das Sachmittel ab. Zur Beschreibung eines konkreten Vorgangs werden Sachmittel in Prozessen instanziiert. Dies bedeutet, daß im Sachmittel-Szenario zunächst nur eine Klassifizierung der Sachmittel erfolgt. In der Fallstudie wird z.B. in Bearbeitungssachmittel und Transportsachmittel unterschieden. Diese werden jeweils weiter untergliedert (z.B. Kopierer, Stifte, PC etc. als Bearbeitungssachmittel). Bei der Zuordnung der Sachmittel im Prozeß ist dann konkret anzugeben, welcher Kopierer oder PC zur Bearbeitung verwendet wird. Hier ist wieder auf das Vererbungskonzept von Bonapart hinzuweisen. Für Simulationen greift Bonapart auf die Attributwerte im Sachmittel-Szenario zurück, wenn sie im Prozeß-Szenario nicht neu spezifiziert wurden.

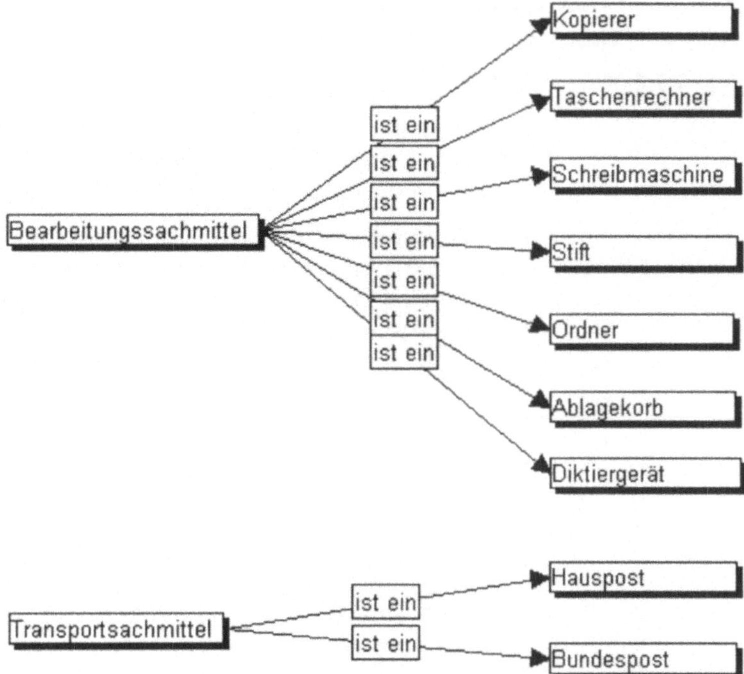

Die einem Sachmittel hinterlegbaren Attribute sind u.a. folgende:

- Kapazität

- Rüstzeit

- Bearbeitungsstrategie

- Einmalige und periodische Sperrzeit.

Bei der Simulation wartet die Aktivität vor Beginn der Ausführung, bis alle eingetragenen Sachmittel verfügbar sind. Wird mehr als eine Kapazität verlangt, so ist darauf zu achten, daß die Gesamtkapazität des Sachmittels diese benötigte Kapazität bereitstellen kann, da ansonsten keine Ausführung der Aktivität möglich ist.

7.7   Dimensionen

7.7.1   Zeit

In Bonapart lassen sich eine Vielzahl unterschiedlicher Zeiten erfassen. Einige davon sind statistische Felder, welche in der Simulation von Prozessen keine Berücksichtigung finden.

Die Bearbeitungszeit wird als Attribut einer Aufgabe/Aktivität erfaßt. Sie beginnt in Bonapart, wenn alle Informationen und Sachmittel verfügbar sind, und endet mit der vollständigen Durchführung der Aktivität. Unterbrechungszeiten und Rüstzeiten sind nicht in der Bearbeitungszeit enthalten. Bei der Simulation wird die Bearbeitungszeit dynamisch mit Hilfe des eingestellten Zahlengenerators ermittelt.

Die Transportzeit ist ein Attribut der 'schickt Info'-Relationen im Prozeß-Szenario. Sie ist wichtig bei Analysen und Simulationen, da sie bei der Berechnung von Durchlaufzeiten berücksichtigt wird.

Sperrzeit (einmalig oder periodisch): In Bonapart gibt sie den Zeitraum an, in dem eine Kapazität eines Sachmittels oder Bearbeiters einmalig oder regelmäßig jeden Tag nicht verfügbar ist. Sperrzeiten werden bei der Simulation und Analyse berücksichtigt.

Rüstzeiten werden als Attribute von Ressourcen (Funktionsträgern, Personen und Sachmitteln) definiert, sie werden bei der Simulation nicht berücksichtigt.

Liegezeiten werden als Attribut von Aufgaben in der Aufgabenstruktur und bei Aktivitäten im Prozeß-Szenario erfaßt. Die Angabe wird während der Simulation nicht berücksichtigt.

Wird ein Prozeß simuliert, berechnet Bonapart die Wartezeit. Sie gibt die Zeit an vom ersten Eintreffen einer Information bis zum Zeitpunkt, an dem alle Voraussetzungen für die Ausführung der Aktivität erfüllt sind.

7.7.2   Menge

Mengen können in sehr unterschiedlicher Form erfaßt werden. Häufig werden sie in Bonapart auch als Kapazität bezeichnet.

Zum einen kann eine Kapazität als Attribut einer Ressource (Sachmittel, Person) erfaßt werden. Sie gibt dann die Anzahl der gleichzeitig direkt von der Ressource ausführbaren Aktivitäten an.

Weiterhin kann eine Kapazität als Attribut eines Speichers hinterlegt werden. Sie bezeichnet die maximale Anzahl von Informationen, die ein Speicher aufnehmen kann.

Bei der Modellierung der Aufbauorganisation legen Kapazitäten fest, wie viele Funktionsträger eine Instanz umfaßt (z.B. 10 Sachbearbeiter einer bestimmten Abteilung). Die Kapazität wird in der Simulation berücksichtigt, wenn die jeweilige Instanz einer oder mehreren Aktivitäten als Bearbeiter zugeordnet ist.

Bei Aufgaben und Aktivitäten läßt sich die statistische Jahresmenge eintragen, wie häufig eine Aufgabe pro Jahr ausgeführt wird (statt eines Jahres kann auch eine andere Zeitperiode gewählt werden).

Durch die Eingangsobjekte in Prozeß-Szenarios wird die Menge der einzuschleusenden Prozesse festgelegt. Für jeden Eingang wird festgelegt, wie viele Informationen (Prozesse) an diesem Eingang eingeschleust werden. Die Summe aller einzuschleusenden Prozesse während einer Simulation ergibt sich somit aus der Summe der Eingänge und deren hinterlegter Anzahl.

7.7.3   Kosten

Kosten können in Bonapart für Organisatorische Einheiten (und damit verbunden für Leiter und Stellen), für Sachmittel, für Informationsflüsse und für Speicher erfaßt werden. Zum einen läßt sich ein sogenannter Kostensatz erfassen, er gibt die Kosten/Stunde an und wird bei Analysen sowohl für die Rüstzeit des Sachmittels wie auch für die Bearbeitungszeit der Aktivität angesetzt.

Weiterhin lassen sich für die o.g. drei Bereiche auch fixe Kosten erfassen. Sie geben die Kosten an, die pro einmalige Benutzung des Sachmittels durch eine Aktivität, oder pro Durchführung der Aktivität anfallen. Bei Speichern geben sie die Kosten an, die für jede einzelne Information sowohl bei der Speicherung wie auch bei der Entnahme bzw. Kopie anfallen.

7.8   Analyse

Bonapart bietet eine Vielzahl von vorgefertigten Analysen. Hierbei wird unterschieden in:

- statische Analysen, die den aktuellen Modellzustand auswerten,

- dynamische Analysen, welche die Ergebnisses eines oder mehrerer zuvor durchgeführter Simulationsläufe auswerten

- benutzerdefinierte Analysen, die vom Anwender in Form von Visual Basic Programmen erstellt werden können und individuell sowohl statische als auch dynamische Auswertungen beinhalten können.

Für Analysen existiert ein extra Menüpunkt aus dem sie ausgewählt werden können. Die Ergebnisse von Analysen können wahlweise in einem extra Analyse-Fenster, oder direkt in Microsoft-Excel-Tabellen ausgegeben werden.

Abbildung 7.13: Analyseergebnis in Bonapart

Nr.	Simulation...	Aktivität	Wartezeit	Bearbeitungszeit	Gesamtzeit	Transportzeit
1	1	Vermerk über die Bonität.22	0	445	445	7200
2	1	Prüfung der Bonität.21	37792	1789	39581	72000
3	1	Entnahme der Auftragskopie.20	0	102	102	0
4	1	Kontrollieren Lieferschein.16	44641	269	44910	72000
5	1	Kopieren Lieferschein.19	0	397	397	3600
6	1	Festlegung Liefertermin.18	0	3272	3272	3600
7	1	Überprüfung Lagerbestand.17	53292	1621	54913	36000
8	1	Schreiben Lieferschein.15	0	1182	1182	0
9	1	Ablage der vorläufigen Auftragsbestätigung.13	0	70	70	3600
10	1	Überprüfung der vorläufigen Auftragsbestätigung.12	51645	408	52053	36000
11	1	Erstellung der vorläufigen Auftragsbestätigung.11	45252	976	46228	36000
12	1	Ablage des Auftrages.10	0	79	79	3600
13	1	Kopieren des Auftrages.9	0	309	309	3600
14	1	Prüfung des Auftrags.8	20182	885	21067	129600
15	1	Aufnahme des Auftrags.7	0	294	294	3600
16	1	Erfassen der Kundendaten.6	21600	3581	25181	0

Bonapart beinhaltet kein Grafikmodul zur Aufbereitung von Analyseergebnissen. Da die Analyseergebnisse exportiert werden können, lassen sie sich beispielsweise mit Microsoft Excel sehr leicht weiterverarbeiten.

Eine kurze Übersicht der bereits vorhandenen Analysen bietet folgende Liste:

- Aufbauorganisation

  Führungsspanne, Anzahl Untergeordnete, Stellenbeschreibung

- Kommunikation

  Kommunigramm Gesamt, Kommunigramm OE, Anzahl der Informations-Inputs/-Outputs

- Prozeßzeiten

  Zeitablauf gemittelt (dynamisch), Zeitablauf Einzelvorgang (dynamisch), Summe Bearbeitungs-/ Transport-/ Wartezeit (dynamisch), Anteil Bearbeitungs-/Durchlaufzeit (dynamisch)

- Prozeßressourcen

  Informationsflüsse pro Informationsart (dynamisch), Verwendete Medien (dynamisch), Verwendete Sachmittel, Verwendete Speicher, Medienbrüche, Systembrüche

- Prozeßkosten

  Kostenart nach Aktivitäten (dynamisch), Gesamtkosten nach Aktivitäten, Kostenart Gesamtprozeß für einen Vorgang (dynamisch)

- Konsistenz

  Aktivitäten ohne Bearbeiter, Bearbeiter ohne Stellenbeschreibung, Bearbeiten Untergeordnete nur Teilaufgaben, Personen mit mehr als einer Stelle, Bearbeiter mit Aktivitäten ohne Stellenbeschreibung, Bearbeiter ohne Unterordnung in Verfeinerungen

- Sonstige

  Liste Org. Einheitentypen, Liste Org. Einheiten, Liste Aufgaben, Liste Aktivitäten, Liste externe Ein-/Ausgänge, Liste Sachmitteltypen, Liste Sachmittel, Liste Speichertypen, Liste Speicher, Liste Medien, Liste Informationsflüsse, Liste Informationen, Liste Szenarios, Liste Prozesse mit Aktivitäten

- Benutzerdefinierte

  Bonapart beinhaltet neben den o.g. Standardanalysen zahlreiche benutzerdefinierte Analysen, die individuell angepaßt und erweitert werden können.

Alle Ergebnisse einer Analyse lassen sich als Exceldatei abspeichern.

7.9 Simulation

Bei einer Simulation handelt es sich um die dynamische Betrachtung von Geschäftsprozessen. Die in Prozeß-Szenarios dargestellte Ablauforganisation kann simuliert werden. In Bonapart werden alle Prozeß-Szenarios eines Modells simuliert (mit Ausnahme der Prozeß-Verfeinerungen, die ausdrücklich <u>nicht</u> simuliert werden sollen). An externen Eingängen der Prozeß-Szenarios wird festgelegt, wie viele Vorgänge mit welcher Priorität zu welchen Zeitpunkten in die Simulation eingeschleust werden sollen.

Es kann ausgewählt werden, ob ein Modell komplett oder nur in Teilbereichen simuliert werden soll. Werden mehrere Prozesse an den Eingängen eingeschleust, legt Bonapart für jeden dieser Prozesse ein eigenes Protokoll an. Jeder Start der Simulation erzeugt einen neuen Simulationslauf, d.h., alle Daten, die während einer Simulation erzeugt oder mitprotokolliert werden, werden dem jeweiligen Simulationslauf zugeordnet. Ein Simulationslauf ist ein Durchlauf der Simulation inklusive seiner Ergebnisse für einen bestimmten Zustand des geladenen Modells mit bestimmten Wahrscheinlichkeitsverteilungen und den gewählten Objekt- und Relations-Attributen.

Simulationsläufe werden anhand einer Nummer und der Datums-/Zeitkombination des Startes der Simulation identifiziert. Durch die Erfassung mehrerer Simulationsläufe können Modellveränderungen oder Veränderungen der Zufallsverteilungen bezüglich ihrer direkten Simulationsergebnissse verglichen werden. Simulationsläufe werden automatisch gelöscht, wenn das Modell geschlossen wird.

Ein Zeitverlauffenster/Histograph dient der grafischen Darstellung der Ereignisse für ein spezielles Objekt während eines Simulationslaufs. Zeitverlauffenster zeigen die Auslastung des ausgewählten Objektes in Beziehung zur ablaufenden/abgelaufenen Zeit. Das Zeitverlauffenster befindet sich (wenn es geöffnet ist) im Arbeitsbereich des Bonapart-Hauptfensters. Die Skalierung und Darstellung der Kurven kann durch Zoom-Befehle verändert werden.

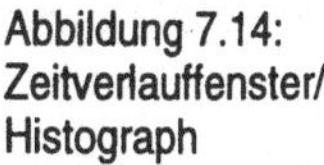

Abbildung 7.14:
Zeitverlauffenster/
Histograph

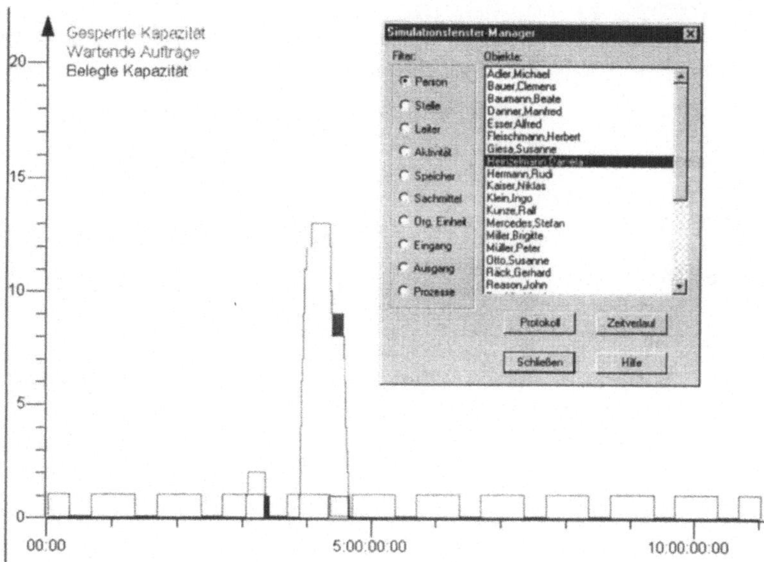

In Bonapart kann die Simulation auch im Animationsmodus dargestellt werden. Dabei läßt sich die Simulationsgeschwindigkeit bestimmen. Sie regelt, wie lange ein Objekt im Animationsmodus hervorgehoben wird, bevor die Simulation weiterläuft. So ist es auch möglich, den Prozeß visuell zu verfolgen.

7.10 Dateikommunikation

Bonapart bietet die Möglichkeit, erfaßte Aufgaben, Informationen, Sachmittel, Personen etc. zu exportieren. Anstatt eines vollständigen Modells können auch Teile eines Modells mit den dazugehörenden Attributen in tabellarischer Form exportiert und importiert werden. Dadurch ist es möglich, Daten großer Modelle nach einem Export einfach zu bearbeiten (z.B. mit einer Tabellenkalkulation) und wieder zu importieren. Außerdem können umfangreiche Unternehmensdaten (z.B. Personendaten für die Bibliothek) auf einfache Weise importiert werden. Durch Tabellenimport kann ein bestehendes Modell ergänzt oder ein neues Modell aufgebaut werden.

Kommt es beim Import zu Überschneidungen mit bereits im Modell definierten Objekten (z.B. Aufgabe oder Sachmittel schon vorhanden), wird die entsprechende Angabe aus der Tabelle übernommen und das entsprechende Objekt im Modell überschrieben.

Grafiken können über die Windows-Zwischenablage in andere Anwendungen übernommen werden.

Im Menü Extras, Unterpunkt Werkzeuge ist ein 'Add in' integriert, welches die Ausgabe des Modells in HTML-Seiten ermöglicht.

Abbildung 7.15:
Generierung von
HTML-Seiten

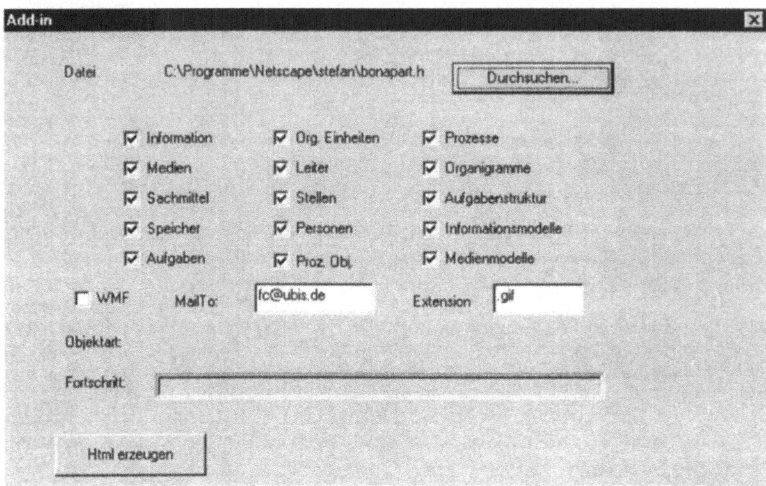

Abbildung 7.16:
HTML-Seite

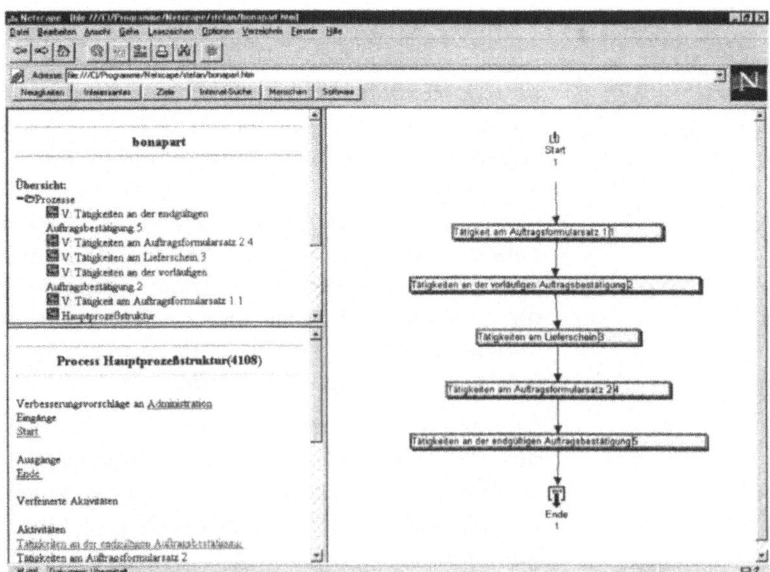

Die Darstellung erfolgt in 3 durch Rahmen unterteilte Bereiche, was die Übersichtlichkeit erhöht und das Navigieren innerhalb der Seiten erleichtert. Dieses Add-In war in der vorliegenden Version noch mit einigen Schwächen behaftet.

7.11 Projektmanagement

Ein Modell kann nur von einer Person bearbeitet werden. D.h., Bonapart ist nicht Multi-User-fähig. Durch den Export von einzelnen Szenarien kann ein verteiltes Arbeiten ermöglicht werden. Die exportierten Szenarien können anschließend wieder integriert werden. Über eine Versionskontrolle oder Sitzungsprotokolle verfügt Bonapart nicht.

7.12 Sonstiges

Bonapart bietet Schnittstellen zu:

- Live-Model von IntelliCorp. Ein Programm zur R/3 Einführung
- CASE-Tools von SELECT
- Workflowmanagement System von InConcert
- Referenzmodelle von CW-Kompass.

Die Einarbeitung, Nutzung und Stabilität gestaltete sich Problemlos. Gewöhnungsbedürftig ist sicherlich die Trennung in Klassen und Instanzen, was anfänglich Schwierigkeiten bereitet, sich aber im weiteren Verlauf als sehr hilfreich erweist. Aufgrund der umfangreichen Analysemöglichkeiten kann Bonapart eine deutliche Arbeitserleichterung darstellen. Die Simulationskomponente kann ohne große Vorkenntnisse eingesetzt werden, was sich als sehr positiv erwiesen hat.

Waren bei Installation der Version 2.1. keine Auffälligkeiten zu bemerken, gab es beim Programmstart eine unangenehme Überraschung. Das Programm wurde stets durch eine Fehlermeldung abgebrochen. Die Fehlerursache wurde jedoch nicht weiter verfolgt, da seitens der Firma UBIS schon die Version 2.2. zur Verfügung gestellt wurde.

Probleme mit der Version 2.2. tauchten auf, als mitten in der Testphase Bonapart den Soft-Key als abgelaufen beanstandete, obwohl er noch laut Hersteller zwei Monate gültig gewesen sein müßte. Die Angaben in der Dokumentation, wie eine Lizensierung zu erfolgen hat, waren nicht zu gebrauchen, da sie von Version 2.1. zu 2.2. nicht aktualisiert wurden, sich aber sowohl Pfadnamen wie auch Programmnamen, die benötigt werden, geändert haben.

8 GRADE-BM

8.1 Basisinformationen

GRADE-BM ist ein Modellierungswerkzeug, einsetzbar für das Design und die Analyse von Geschäftsprozeß- und Informationssystemen. GRADE-BM wird von Seiten des Herstellers als ein CAS/SE (Computer Aided Systems and Software Engineering) Tool definiert. GRADE-BM bietet eine integrierte Plattform für das Modellieren organisatorischer Einheiten, die Definition von Aufgaben und Prozessen, und die Analyse dieser mittels einer Simulationskomponente. GRADE-BM ist eine Abkürzung und steht für Graphical Reengineering Analysis and Design Environment - Business Modeler.

Verwendete Version   Während der Testphase wurden drei Programmversionen zur Verfügung gestellt. Die Version 3.0 als Vollversion sowie zusätzlich die Versionen 3.1 Beta und 4.0 Beta. Die beiden Betaversionen verfügen nicht über den kompletten Produktumfang, so daß u.a. die Simulationskomponente in den neuen Versionen nicht in vollem Umfang getestet werden konnte. Software und Dokumentation wurden in englischer Sprache bereitgestellt.

GRADE-BM ist in unterschiedlichem Produktumfang erhältlich. Angefangen von einer „read & print-only"-Version bis hin zu einer Version mit der Softwareprototypen ausgeführt und getestet werden können, inklusive eines Code-Generators, um ablauffähige Programme zu erstellen.

Methode   GRADE-BM basiert auf einer grafischen Modellierungssprache (GRAPES). GRAPES ist eine halbformale, graphische Modellierungssprache, deren Ziel es ist, Transparenz zu erzeugen und welche speziell für die Modellierung und Simulation von Geschäftsprozessen entwickelt wurde. Mit ihr lassen sich sowohl die dynamischen Informationsflüsse (Ablauforganisation) als auch die Aufbauorganisation einer Organisation beschreiben. Für die Modellierung von Geschäftsprozessen ist es nicht notwendig, die Syntax der Modelliersprache zu beherrschen. Die Modellierung erfolgt auf graphischem Wege. Lediglich für die Analyse und Simulation sind Kenntnisse notwendig, wenn man mit eigenen Benutzerdefinitionen arbeiten möchte.

Mit Hilfe von GRADE-BM können laut Angaben des Herstellers die folgenden Aspekte abgebildet werden: Betriebswirtschaftliche Abläufe, Organisations- und Ressourcenstrukturen, Material- und Informationsflüsse, EDV und Netzstrukturen, DV-Abläufe sowie Daten und die Datenbank-Modellierung.

Von Version 3.0 zu Version 4.0 gab es einige Veränderungen. Zunächst wurde ein Klassendiagramm eingeführt (CL) welches die objektorientierte Modellierungstechnik besser unterstützen soll. Einige Diagrammarten wurden umbenannt, die den Inhalt eines Diagramms besser reflektieren. Darüber hinaus lassen sich Tabellen im- und exportieren, und Modelle können als Web-Seiten im HTML-Format generiert werden. Die Analysekomponenten wurden um die 'Critical path'-Funktion erweitert. Es wurden Namenskonventionen geändert, so daß es nun möglich ist, Namen bis zu einer Länge von 64 Zeichen zu vergeben. Des weiteren wurde der Kommentareditor geändert und ein völlig neuer Tabelleneditor integriert. Weiterhin können Initialisierungsskripte für die wichtigsten Datenbanken generiert werden.

Technische Voraussetzungen

Technische Vorraussetzungen sind laut Hersteller ein Pentium PC, mind. 16 MB RAM und mind. 36 MB freier Platz auf der HD. Empfehlenswert ist die Benutzung einer hochauflösenden Grafikkarte mit mindestens 1024x768 Bildpunkten. GRADE-BM ist eine Windows-Applikation, lauffähig unter Windows 3.1, Windows für Workgroups, Windows/95 und Windows NT.

Der Test wurde mit einem 80486 mit 8 MB RAM, sowie einem Pentium 100 mit 32 MB RAM durchgeführt. Während der gesamten Testphase sind Systemabstürze nicht aufgetreten.

GRADE-BM ist sowohl als Single-User-Version wie auch als Multi-User-Version erhältlich. Die Multi-User-Version ist unter Novell NetWare 3.11, Windows für Workgroups, Windows/95, Windows NT Server und UNIX lauffähig.

Installation und Kopierschutz

Die Installation erfolgte von einem CD-ROM aus, die Software ist jedoch auch als Diskettensatz erhältlich und umfaßt dann 7 Installationsdisketten. Den Kopierschutz bildet ein Soft-Key, welcher beim Installationsvorgang einzugeben ist. Bei der Installation traten keine besonderen Mängel auf. GRADE-BM kann entweder lokal auf der Festplatte oder der Festplatte eines Netzwerk-Dateiservers abgelegt werden. Die Aktualisierung der Software erfolgt per Disketten-Update.

Programmaufbau

In GRADE-BM gibt es verschiedene Arten von Fenstern. Das Hauptfenster, welches immer geöffnet ist, beinhaltet das Steuerungsmenü und die üblichen Windows-Icons zum Verändern der Fenstergröße. Innerhalb dieses Fensters lassen sich das „Repository"-Fenster, das Modellfenster (als Baumstruktur), ein sogenanntes „Dictionary"-Fenster und die Diagrammfenster öffnen. Im folgenden Bild wird das Hauptfenster und das beim Programmstart stets geöffnete „Repository"-Fenster gezeigt.

Abbildung 8.1:
Startbildschrim von
GRADE-BM

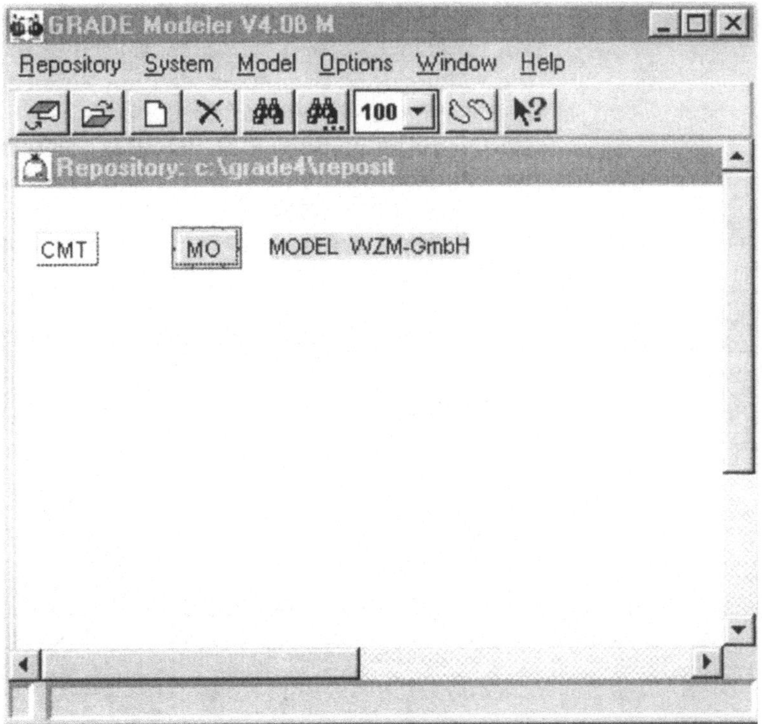

Beim Start wird ein sogenanntes „Repository"-Fenster geöffnet, was in etwa einem Unterverzeichnis entspricht. In ihm werden alle Modelle und Systeme gespeichert. Unter einem System versteht man bei GRADE-BM mehrere Modelle, die inhaltlich zusammengehören. Die hierarchischen Beziehungen zwischen den Modellen und den Systemen werden mittels eines Baumes dargestellt. Das Repository-Fenster dient primär der Auswahl und dem Öffnen von Modellen. Ein „Repository" kann entweder für alle zugänglich sein, oder es kann einem bestimmten User zugeordnet sein. Unterschiedliche Modelle können aber nicht einfach von „Repository" zu „Repository" kopiert werden. Kopieren ist nur über „Backup" und „Restore" in ein anderes „Repository" möglich, oder über die Export- und Import-Funktion.

Das Modellfenster ist eines der zentralen Navigationsinstrumente innerhalb von GRADE-BM. Jedes Modell hat seinen eigenen Modell-Strukturbaum, welcher die Struktur, also die hierarchische Gliederung des Modells, darstellt. Die Struktur kann innerhalb des Modellbaums beliebig verändert werden, indem etwa Teile gelöscht oder an eine beliebige Stellen verschoben werden.

Teilmodelle

Ein Modell kann aus drei verschiedenen Teilmodellen bestehen. Grundsätzlich stehen in einem Modell drei Typen zur Auswahl, die miteinander kombiniert werden können. Das „Business Model" (für die Geschäftsprozeßorganisation), das „Object Model" (für Verarbeitungsobjekte) und das „System Model" (für Kommunikationsstrukturen). Für die im Rahmen der Geschäftsprozeßorganisation relevanten Aspekte eignet sich das Business Model (BM) am besten. Die weiteren Ausführungen beziehen sich deshalb weitestgehend auf das BM.

Abbildung 8.2:
Modellauswahl in
GRADE-BM

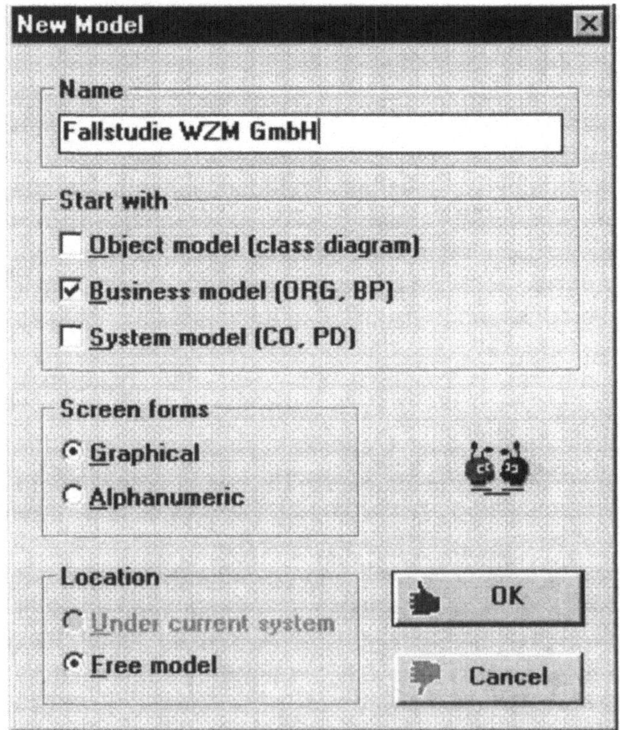

Grundsichten

Das BM setzt sich aus vier Grundsichten zusammen: der Organisationsstruktursicht (ORG) zur Erstellung von Organigrammen, dem Geschäftsprozeß (BP) zur Modellierung von Prozessen, den Datentyen (DD) zur Definition der Datenstruktur und dem Entity Relationship Model (ER). In einem Modell können mehrere BM's erzeugt werden. Ein BM wird mit seinen Grundsichten mittels Baumstruktur graphisch sichtbar gemacht. Die Grundsichten können über mehrere Detaillierungsstufen hinweg modelliert werden. Die Baumstruktur dient nicht nur als Navigationshilfe, sondern es kann darin direkt modelliert werden.

**Abbildung 8.3:
Strukturbaum des
Business Modells**

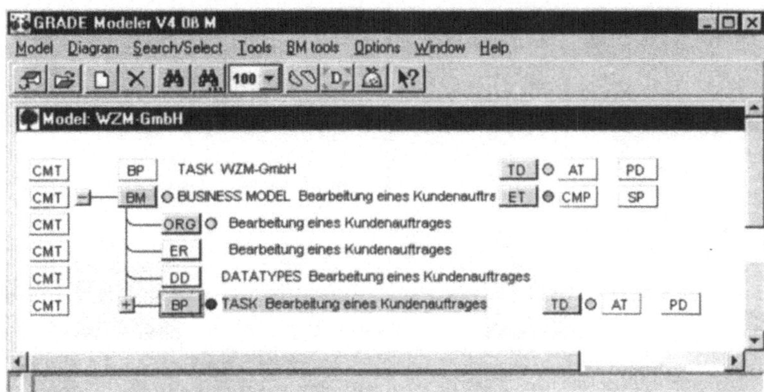

8.2 Aufgabenanalyse

Eingabe

Eine eigenständige Sicht zur Durchführung einer Aufgabenanalyse existiert nicht. Aufgaben werden entweder in der Baumstruktur in einem BP-Diagramm unabhängig von ihrer zeitlichen Abfolge erfaßt, oder sie können innerhalb eines Task Detail-Diagramms (TD-Diagramm) erfaßt werden. Die Eindeutigkeit einer Aufgabe wird über ihren Namen und ihre Position in der Baumstruktur festgelegt. Dies hat zur Konsequenz, daß Aufgaben mit gleichlautendem Namen in der gleichen Detailsicht nicht vorkommen können. Soll eine gleiche Aufgabe in unterschiedlichen Zweigen der Prozesse verwendet werden, kann eine Kopie erzeugt werden. Eine Hierarchisierung der Aufgaben ist nicht möglich. Aufgaben lassen sich nicht anderen Aufgaben über- bzw. unterordnen. Bei der Namensvergabe ist zu beachten, daß Punkte oder Kommata und andere Sonderzeichen nicht zulässige Zeichen sind. Ein Name kann bis zu 64 Zeichen umfassen, Leerzeichen werden automatisch von GRADE-BM in Unterstriche umgesetzt. Keine Unterscheidung gibt es zwischen Groß- und

Kleinschreibung. Umlaute werden automatisch durch Vokale ersetzt.

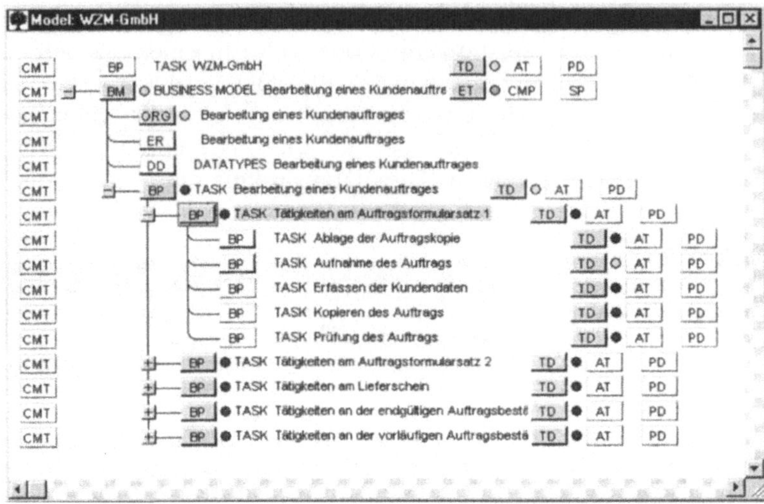

Verknüpfungen

Die Detaillierungsstufen der Aufgaben im BP haben keine semantische Bedeutung. D.h., daß für die Bildung unterschiedlicher Detailsichten keine Kriterien wie beispielsweise Verrichtung oder Objekt zugrunde gelegt werden können.

Attribute

Neben der textuellen Darstellung von Aufgaben können diese auch grafisch in der Task-Detail-Ansicht (TD) angezeigt werden. Jede Aufgabe, welche innerhalb eines BM benutzt wird, hat ein TD-Diagramm. Es beschreibt alle Eigenschaften und Attribute, die dieser Aufgabe hinterlegt sind. Weiterhin gibt es Auskunft darüber, welche Aufgaben dieser Aufgabe im Prozeß vor-. bzw. nachgelagert sind. Prinzipiell sind zahlreiche Attribute (Zeiten, Bearbeiter, Auslöser etc.) hinterlegbar.

Layout

Die den Aufgaben hinterlegten Attribute können im Objekt angezeigt werden, ihre Reihenfolge kann aber nicht frei gewählt, bzw. die Objektaufteilung nicht verändert werden. Weiterhin sind in der grafischen Darstellung die Objekte manuell oder automatisch positionierbar. Neben dem reinen Aufgabensymbol stehen weitere Symbole zur Verfügung, mit denen die Aufgabe näher beschrieben werden kann. Einfügbare Objekte sind: Entscheidungen, die einer Aufgabe zugrunde liegen; Datenspeicher, auf die zugegriffen wird; Datenobjekte, Timerobjekte und Kommentare. Die Objekte lassen sich mittels Kanten graphisch verbinden, wofür die Verbindungen 'Ereignis', 'Zugriffsweg' und 'Entscheidungsweg' zur Verfügung stehen.

Abbildung 8.5:
Aufgaben in der Task
Detail-Sicht

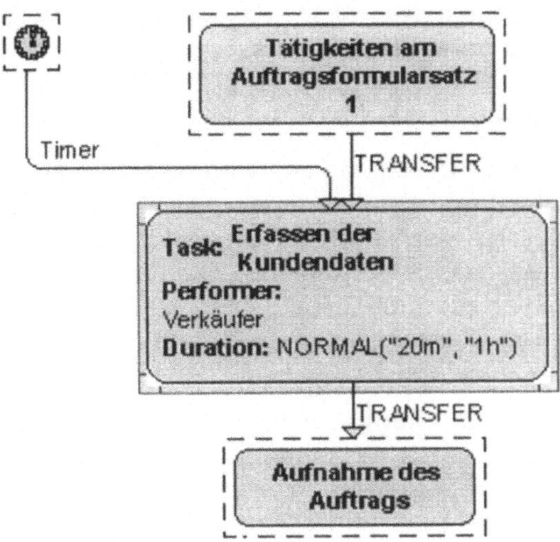

Die Eingabe der Attribute erfolgt über Eingabemasken, die den Objekten hinterlegt sind und durch eine Auswahl geöffnet werden.

Abbildung 8.6:
Eigenschaften von
Aufgaben

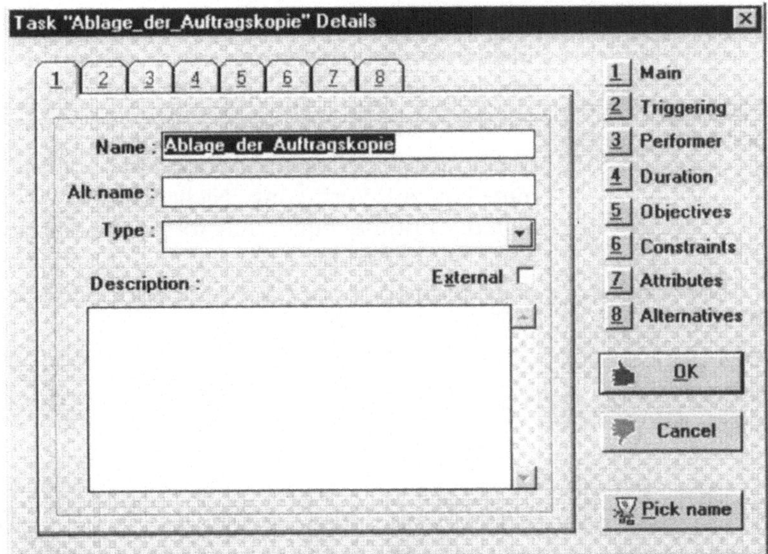

Darstellung

Die Darstellungsmöglichkeiten erlauben es, den Rand zu verändern, ihn zu schattieren, eine andere Hintergrundfarbe zu setzen oder die Schriftarten eines jeden Attributes in der Anzeige auszuwählen. Was nicht geändert werden kann, ist die jeweils spezielle Form des Objektes.

8.3   Prozeß

Mittels BP-Diagrammen wird der eigentliche Geschäftsprozeß beschrieben. In ihnen wird das komplette Zusammenspiel, die Abfolge der einzelnen Prozeßschritte definiert. Sie werden benutzt, um große Aufgaben zu verfeinern und um sie noch detaillierter zu untergliedern. Ein BP-Diagramm kann aus mehreren weiteren BP-Diagrammen bestehen, die in Ihrer Gesamtheit den Geschäftsprozeß ergeben.

Verknüpfung

Die Verbindung der Prozeßschritte erfolgt durch die Definition von Ereignissen, Zugriffswegen und Entscheidungswegen. Sie sind graphisch als unterschiedliche Kanten dargestellt. Die graphische Darstellung eines BP-Diagramms ist der eines Flow-Charts ähnlich. Ein BP-Diagramm kann auch als ein Netzwerk bestehend aus Aufgaben, externen Aufgaben, Timern, Referenzaufgaben, Entscheidungen und Datenspeichern angesehen werden. Wird eine Aufgabe in der TD-Ansicht verändert, erscheint die Änderung jedoch nicht automatisch in der BP-Ansicht. Die beiden Diagramme sind sich sehr ähnlich und beinhalten redundante Informationen. Durch Änderungen kann es aber aufgrund der Redundanzen zu Dateninkonsistenz kommen. Erst bei der Durchführung einer Analyse wird darauf hingewiesen.

Die erfaßten Aufgaben stehen bei der Prozeßmodellierung unmittelbar zur Verfügung. Nicht ganz klar war, wieso die hinterlegten Attribute einer Aufgabe nicht automatisch mit übernommen werden wenn diese Aufgabe an einer anderen Stelle nochmals definiert wird. Alle Attribute sind neu zu hinterlegen.

Abbildung 8.7:
Porzeßdarstellung in
GRADE-BM

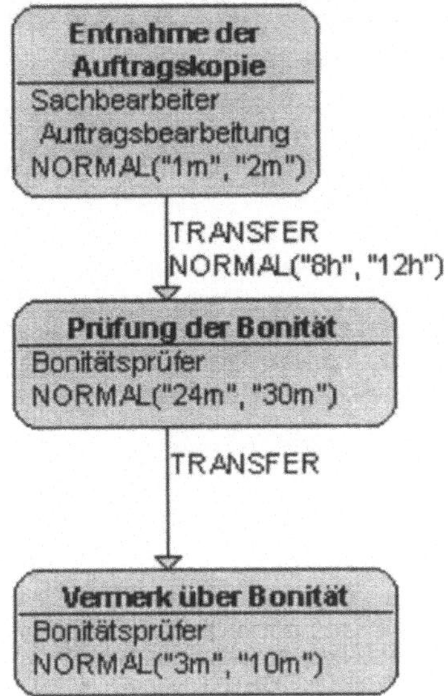

Der Unterschied zwischen dem BP-Diagramm und dem TD-Diagramm ist, daß sich ein TD-Diagramm auf eine Aufgabe bezieht, und ein BP-Diagramm mehrere zu einem bestimmten Prozeßschritt gehörige Aufgaben beinhalten kann. Um nicht alle Aufgaben einzeln nochmals in der TD-Ansicht erfassen zu müssen, kann basierend auf den Definitionen eines BP-Diagramms ein TD-Diagramm aus diesen Definitionen generiert werden. (Funktion: BP's → TD's). Weiterhin können bei den im BP-Diagramm dargestellten Aufgaben weniger Attribute hinterlegt werden.

Eingabe

Die Eingabe der Prozeßschritte erfolgt entweder über die Baumstruktur im Modellfenster oder direkt im Diagrammfenster. Wird letztere Variante gewählt, sind die neu erfaßten Prozeßschritte sofort auch im Modellfenster sicht- und bearbeitbar. Dadurch, daß die Struktur innerhalb des Modellbaumes beliebig verändert werden kann, können Prozeßschritte beliebig verschoben werden. Eine Umorganisation von Prozessen ist sehr leicht möglich. Zu beachten ist dabei, daß in den einzelnen BP-Diagrammen die nun neuen vor- und nachgelagerten Aufgaben neu definiert werden müssen.

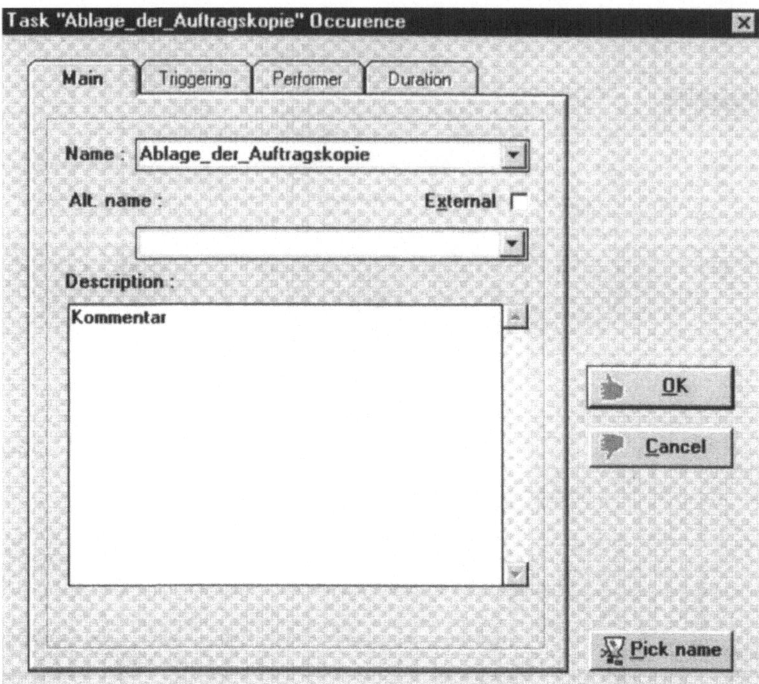

Verzweigungen

Verzweigungen zu anderen BP-Diagrammen werden den abgebildeten Aufgaben hinterlegt. Ein Doppelklick auf einen Prozeßschritt für den z.B. noch eine Verfeinerung existiert, bewirkt, daß das Diagramm der Verfeinerung geöffnet wird. Ein Doppelklick auf eine Referenzaufgabe bewirkt, daß das TD-Diagramm dieser Aufgabe geöffnet wird. Klickt man im Objekt ein angezeigtes Attribut an (z.B. Bearbeiter), öffnet GRADE-BM das zugehörige Diagramm (in diesem Fall das Organigramm).

GRADE-BM kennt zwei Arten von Aufgaben. Die sogenannten Transformationsaufgaben stellen die normalen im Prozeßschritt definierten Aufgaben dar. Sie beinhalten keinerlei Entscheidungslogik. Darüberhinaus gibt es sogenannte Entscheidungsaufgaben. In ihnen kann definiert werden, mit welcher Wahrscheinlichkeit diese Aufgabe ausgeführt wird. Man kann sie auch als 'exklusiv' definieren, was bedeutet, daß sie in jedem Fall ausgeführt wird. Jede Entscheidungsaufgabe wird als separate Entscheidung interpretiert. Eine weitere Möglichkeit besteht darin, einer Aufgabe einen Boolschen-Term zu hinterlegen, aufgrund dessen Aussagenlogik diese Aufgabe dann durchgeführt wird. Die Verbindung von Aufgaben und Entscheidungsaufgaben wird mittels einer speziellen Kante durchgeführt, der sogenannte

'Decission Path'. Diesem Objekt können aber keinerlei Informationen hinterlegt werden.

Darstellung und Layout

Es kann das Layout eines jeden Objektes verändert werden, oder es kann das Layout für alle Objekte insgesamt verändert werden. Man kann jedoch nicht alle gleichartigen Objekte eines Diagramms auswählen und nur dieses Layout verändern. Im Layoutfenster können die gewünschten Änderungen sofort in dem kleinen Ansichtsfenster zwischen dem 'Style'- und 'Color'-Bereich nachvollzogen werden.

Abbildung 8.9:
Layoutgestaltungs-
möglichkeiten

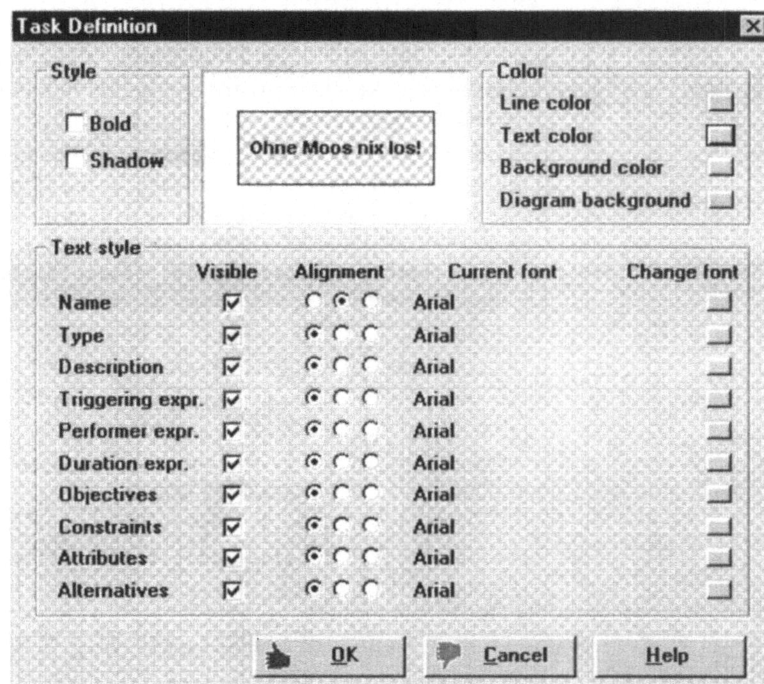

Die Objekte des Diagramms lassen sich unterschiedlich anordnen. Über ein Feld der Menüleiste läßt sich einstellen, ob GRADE-BM die Objekte automatisch anordnen soll, ob dies manuell geschehen soll oder ob sie vertikal oder horizontal ausgerichtet werden sollen. Die automatische Anordnung liefert allerdings nicht immer gute Ergebnisse.

8.4   Informations-/Datenmodell

In GRADE-BM gibt es kein eigenständiges Informationsmodell. Informationen können also nicht hierarchisiert werden. Andererseits gibt es in GRADE-BM ein sehr ausführliches und umfangreiches Datenmodell. Für den Bereich der Datenmodellierung gibt es zwei verschiedene Diagramm-Typen. Zum einen die sogenannten „Diagrams for Definition of Data Structure" (DD-Diagramm) und zum anderen die "Entity Relationship Diagrams" (ER-Diagramm).

Für die Hierarchisierung von Daten wird das DD-Diagramm verwendet. Mittels dieses Diagrammtyps lassen sich alle für das Businessnodell relevanten Daten strukturieren. GRADE-BM unterscheidet in elementare Datentypen (z.B. Integer, Float, Char, String, Zeiten etc), die pro Datentyp einen Wert erfassen und zusätzliche, unterteilte und strukturierte Datentypen. Ein einmal definiertes Feld kann an mehreren Stellen mit derselben Definition wiederverwendet werden. Mehrfachdefinitionen eines Datentyps innerhalb eines Diagramms sind nicht zugelassen. Das Feld Auftragsdatum beispielsweise kann also nicht zweimal definiert werden, mit unterschiedlichem Datumsformat.

Abbildung 8.10:
Datatypes

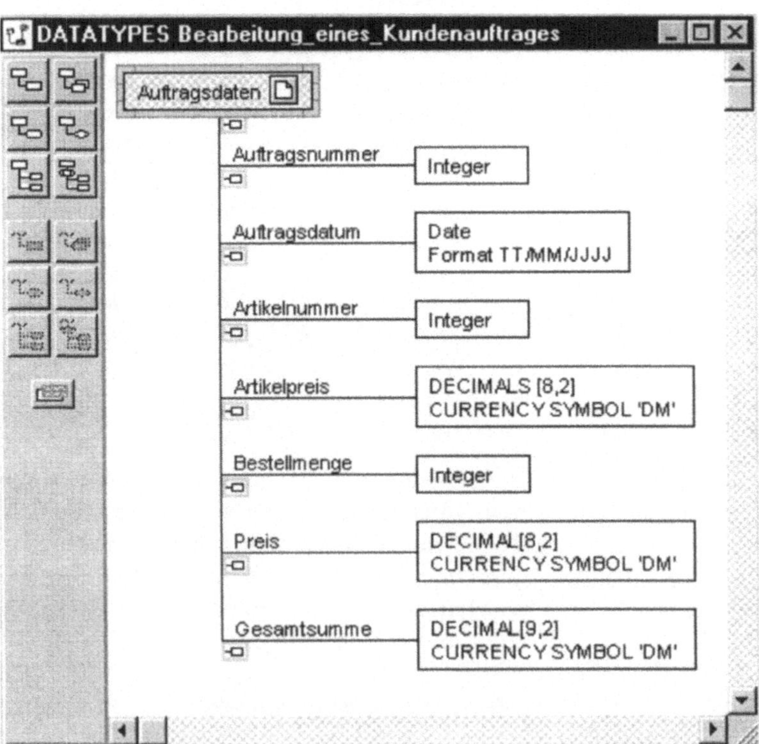

Es können unterschiedliche Datentypen wie z.B. Felder, Datensätze, Datensätze mit variabler Satzlänge, Tabellen, Listen und Kommentare angelegt werden. Jeder zu definierende Typ hat ein eigenes Symbol und kann aus der Steuerungsleiste links im Fenster ausgewählt werden. Definitionen können auch kopiert werden, was das zeitraubende Erfassen der Datendefinitionen verkürzt.

ER-Diagramme werden dazu verwendet, Objekte und ihre Beziehungen zueinander zu dokumentieren. Mit ihnen werden Datenbanken und Datenspeicherstrukturen beschrieben. Sie unterstützen dadurch eine objektorientierte Vorgehensweise. Die Objekte haben alle die gleiche Form, und ihre Beziehungen untereinander werden mittels Kanten dargestellt. Je nach Art der Beziehung (z.B. 1:1, 1:n, n:m etc.) wird dies anhand unterschiedlicher Kanten dargestellt. Eine Angabe im Diagramm, um welche Art von Beziehung es sich handelt, erfolgt nicht. Zusätzlich lassen sich Kommentare erfassen und anzeigen. Bei der Definition von Objekten kann auf die in einem DD-Diagramm definierten Datentypen zurückgegriffen werden, um eventuell einen Primärschlüssel anzugeben.

Abbildung 8.11:
ER-Modell

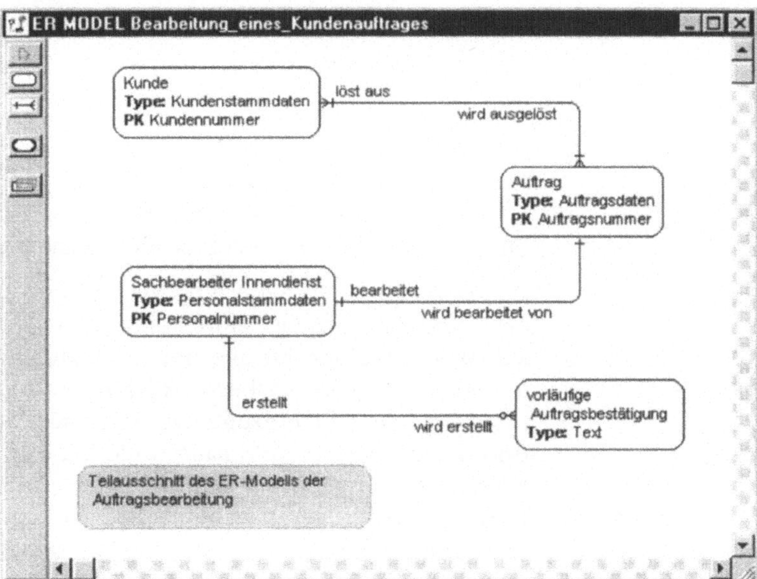

8.5 Organisationsstrukturen

Organisationsstrukturen werden in GRADE-BM in ORG-Diagrammen erfaßt. Innerhalb eines BM's können mehrere ORG-Diagramme angelegt werden. Wird in einem Prozeß ein Bearbeiter angegeben, ohne daß das ORG-Diagramm existiert, wird bei der Fehleranalyse darauf aufmerksam gemacht. Ein ORG-Diagramm kann aus Organisatorischen Einheiten, Stellen, Sachmitteln oder Kommentaren bestehen. Es kann angegeben werden, ob es sich um ein Einzelobjekt handelt oder eines, das mehrfach vorkommt. Je nachdem ist die Darstellungsweise unterschiedlich. Die Ziffern innerhalb der Objekte mit Mehrfachvorkommen geben die Anzahl an.

Abbildung 8.12:
Objekte im
Organigramm

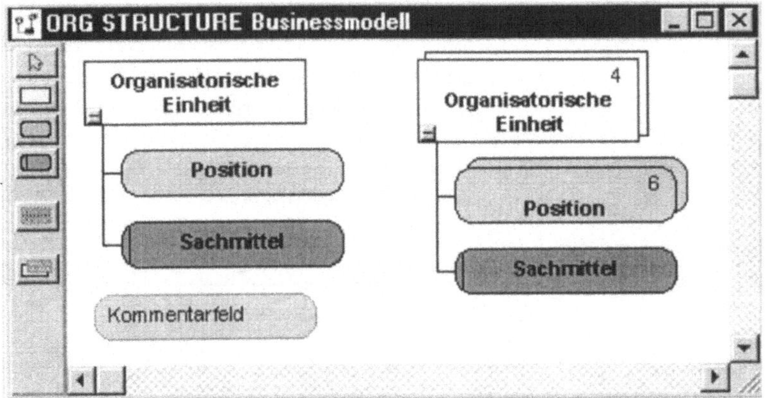

Einer Organisatorischen Einheit (OE) können Stellen und Sachmittel untergeordnet werden, wie auch einer Stelle wiederum OE's und Sachmittel untergeordnet werden können.

Eingabe

Beim Öffnen einen neues ORG-Diagramms ist automatisch schon eine Organisatorische Einheit enthalten. Aktiviert man sie per Mausklick, werden ihr alle neuen hinzuzufügenden Objekte untergeordnet. Ist kein Objekt aktiviert, wird jedes neue Objekt als loses Einzelobjekt hinzugefügt. Zwischen OEs, Stellen und OEs und Stellen besteht automatisch die Beziehung „beinhaltet". Eine Hierarchisierung ist eingeschränkt möglich. Der ORG-Diagrammeditor gestattet keine Definitionen andersartiger Beziehungen wie z.B. das fachliche oder disziplinarische Vorgesetztenverhältnis. Jedes Objekt muß mit einem Namen versehen werden.

Abbildung 8.13:
Objekt im Organi-
gramm (hier: Stelle)

Stellenbeschreibung

Eine Stellenbeschreibung im herkömmlichen Sinne ist nicht möglich. Dennoch können in einer separaten sogenannten Kompetenzentabelle (CM-Table) alle Kompetenzen einer OE oder einer Stelle beschrieben werden, die sie innerhalb eines Geschäftsprozesses besitzt. Zur Erstellng der Kompetenzentabelle existiert ein Tabelleneditor. Es kann auf alle darin erfaßten Kompetenzen bei der Erstellung von TD-Diagrammen, BP-Diagrammen und ORG-Diagrammen zurückgegriffen werden.

Abbildung 8.14:
Organigramm in
GRADE-BM

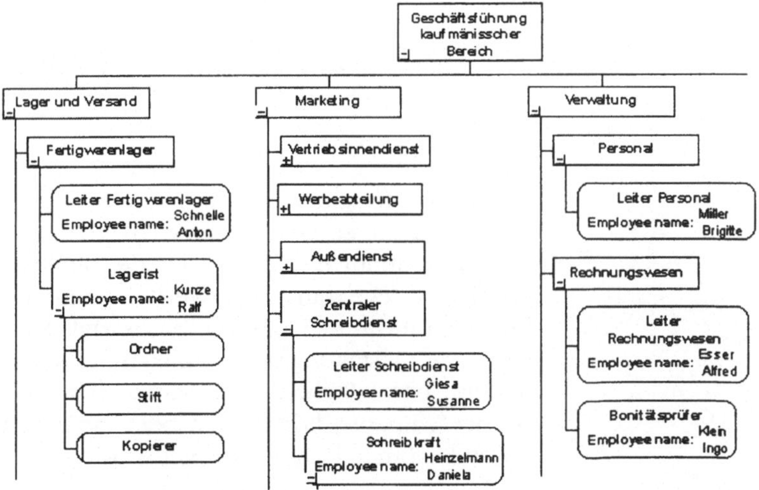

Layout

Einzelne Objekte lassen sich manuell nicht beliebig anordnen. Es kann aber ausgewählt werden, ob Objekte derselben Hierarchiestufe vertikal oder horizontal angeordnet werden sollen. Objekte können an jeder Stelle im Organigramm per 'Klick und ziehen' mit der Maus an eine andere Position bewegt werden. Alle diesem Objekt untergeordneten Objekte werden automatisch mit an die neue Position im Organigramm übernommen. Umorganisationen lassen sich so sehr schnell im Diagramm updaten. Wie Attribute im Organigramm erfaßt werden können, zeigt die folgende Abbildung

Abbildung 8.15:
Objektattribute im
Organigramm

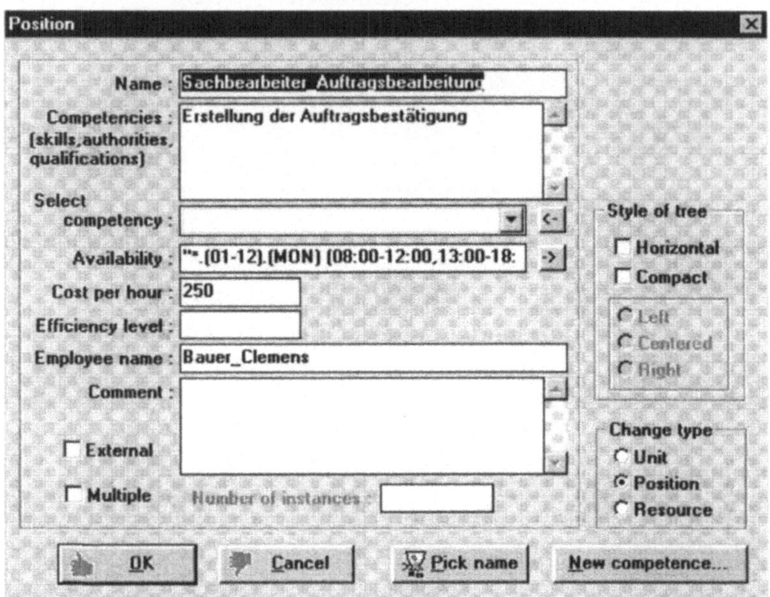

8.6   Sachmittel

Für Sachmittel gibt es keine eigenständigen Diagramme oder Tabellen, um sie zu erfassen bzw. anzulegen. Sachmittel werden im ORG-Diagramm den OE's oder den Stellen zugeordnet. Die Attribute, welche hinterlegt werden können, sind dieselben wie bei den OE's und Stellen. Auch bezüglich des Layouts gelten die gleichen Gestaltungsmöglichkeiten. Zwischen OE's und Sachmitteln bzw. Stellen und Sachmitteln besteht die Beziehung „besitzt". Ebenso können ein oder mehrere Sachmittel einem anderen Sachmittel untergeordnet werden.

8.7   Dimensionen

8.7.1   Zeit

In GRADE-BM lassen sich drei verschiedene Zeiten erfassen, die für die Geschäftsprozeßmodellierung relevant sind. Dies sind Bearbeitungszeiten, Transportzeiten und die Verfügbarkeit von Personen oder Sachmitteln. Alle drei Zeiten wirken sich bei der

Simulation von Prozessen aus. Ist die Angabe der ersten beiden Zeiten als Größen für die Berechnung der Prozeßzeit relevant, so ist die Verfügbarkeit eine Restriktion, die bei der Simulation berücksichtigt wird.

Bearbeitungszeiten werden den Aufgaben in BP-Diagrammen und TD-Diagrammen hinterlegt. Für die Erfassung existiert ein spezielles Eingabefenster. Es empfiehlt sich, dieses für die Erfassung zu benützen, da die Zeitangabe einer festgelegten Syntax entsprechen muß und es bei unkorrekter Eingabe später zu Fehlermeldungen bei der Anylase kommt. Eine automatische Syntaxüberprüfung bei der Dateneingabe findet nicht statt. Weiterhin kann die Häufigkeitsverteilung der Bearbeitungszeit ausgewählt werden. Es ist z.B. möglich, Bandbreiten zu definieren innerhalb derer die Bearbeitungszeit schwankt.

Abbildung 8.16:
Bearbeitungszeiten in
GRADE-BM

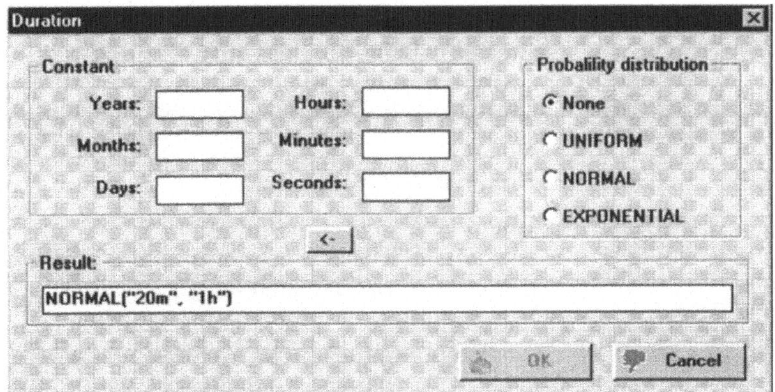

Die Transportzeit gibt die Zeit an, die beim Transport von einer Aufgabe zur nächsten verstreicht. Sie wird in BP-Diagrammen oder TD-Diagrammen als Attribut eines Ereignisses erfaßt. Ereignisse sind graphisch als Kanten dargestellt, die zwei Aufgaben verbinden. Um das Zeitformat formal richtig anzugeben, wird die gleiche Eingabemaske wie bei den Bearbeitungszeiten benutzt.

Die Verfügbarkeit wird als Attribut einer OE, einer Stelle oder eines Sachmittels erfaßt.

8.7.2   Menge

Geschäftsprozeßrelevante Mengen lassen sich in ORG-Diagrammen erfassen. Für Sachmittel, OEs und Stellen können Mengen erfaßt werden. Diese Mengen beziehen sich immer darauf, wieviele der Objekte an einer bestimmten Stelle des Organigramms vorhanden sind (z.B: 3 Kopierer im zentralen Schreibbüro). In BP-Diagrammen oder TD-Diagrammen lassen sich bei Aufgaben keine Mengenangaben hinterlegen. In Eingängen (sogenannten Input Events) kann angegeben werden, in welchen zeitlichen Abständen ein Ereignis ausgelöst werden soll. Man hat die Wahl zwischen Zeitintervallen, in denen ein Ereignis ausgelöst werden soll, oder exakten Zeitpunkten, zu denen dies geschehen soll. Nicht möglich zu definieren ist es, daß ein Prozeß 10 oder 15 mal durchlaufen werden soll. Auch im Simulator wurde kein Feld gefunden, wo man die Anzahl angeben konnte, wie oft ein Prozeß zu simulieren ist.

8.7.3   Kosten

Kosten können Sachmitteln, Stellen und OE's zugewiesen werden. Es kann jeweils ein Kostensatz pro Stunde angegeben werden. Eine Unterteilung in leistungsmengenneutrale und leistungsmengeninduzierte Kosten ist nicht möglich. Eine Prozeßkostenrechnung auf der Basis von Kostenstellen ist nicht vorhanden. Es können nur zeitabhängige Kosten erfaßt werden.

8.8   Analyse

GRADE-BM bietet keinen gesonderten Analysebereich. Die Analysemöglichkeiten sind im Modellfenster integriert. In Abhängigkeit davon, ob das Simulationsprogramm gestartet ist oder nicht, können Analysen durchgeführt werden. Ist der Simulator gestartet, kann keine weitere Analyse gefahren werden. Man hat die Wahl, ob das im Modellfenster gegenwärtig ausgewählte Diagramm analysiert werden soll, ob alle Diagramme die dem ausgewählten Diagramm untergeordnet sind, mitanalysiert werden sollen oder alle Diagramme. Während der Analyse wird in einem Fenster angezeigt, wie weit die Analyse fortgeschritten ist.

Abbildung 8.17:
Analysefenster in
GRADE-BM

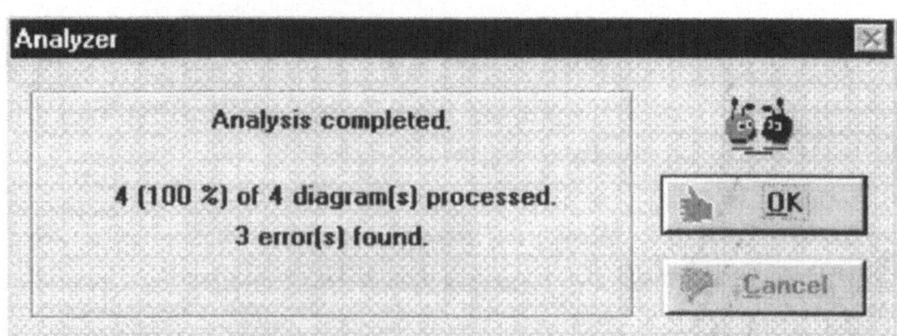

Der Anwender hat nun die Information, daß in obigem Fall 3 Fehler in den analysierten Diagrammen aufgetreten sind. Nicht angezeigt wird, wo sie aufgetreten sind. Nähere Informationen werden im Modellfenster angezeigt. Hinter jedem Button, mit dem ein Diagramm geöffnet werden kann, sitzt ein kleiner runder Schalter, der je nachdem, ob in einem Diagramm Fehler enthalten sind oder nicht, die Farben rot, gelb oder grün annimmt. Rot bedeutet Fehler, gelb Warnung und grün alles OK. In einem weiteren Schritt kann nun jedes Diagramm, welches einen roten Schalter zeigt, geöffnet werden. Der Cursor springt dann automatisch auf das erste Objekt, in dem ein Fehler festgestellt wurde, und GRADE-BM zeigt in der Statusleiste an, um welche Art von Fehler es sich handelt. Die Fehlermeldungen sind nicht immer eindeutig. Aufgetretene Fehler können zusätzlich in einer Ereignistabelle (ET) protokolliert werden. Umfangreiche Analysen sind in GRADE-BM nicht vorgesehen. Weitere Analysemöglichkeiten bieten die Tools: „Check data normalization", „Check consistency" und die Funktion „Find critical Path".

8.9   Simulation

Der Simulator ist ein eigenständiges Programm, welches aus dem Menü des Modellfensters heraus gestartet werden kann.

Abbildung 8.18: Hauptfenster des Simulators

Der Simulator ist sehr umfangreich und komplex. Es bedarf einer sehr intensiven Einarbeitungszeit, will man ihn effektiv nutzen. Da die Handbücher nur in englischer Sprache erhältlich sind, kann dies für einen User eine beträchtliche Hürde darstellen. Die Handbücher sind einfach gehalten, aber die verwendete Fachterminologie ist sehr spezifisch. Eine Schulung wäre empfehlenswert, wenn man Geschäftsprozesse gründlich analysieren und simulieren will. Man wählt im Modellfenster ein BP-Diagramm aus und startet den Simulator. Die Simulation bezieht sich nur auf das ausgewählte und die ihm untergeordneten Diagramme. Um den Simulator starten zu können, muß vorher eine Analyse durchgeführt worden sein.

Mittels des Simulators ist es möglich, Engpässe zu entdecken, die Sachmittelzuteilung zu analysieren, um festzustellen, wer von den vorgesehenen Bearbeitern sie benützt oder evtl. gar nicht benötigt. Weiterhin ist es möglich, sofort Einschätzungen darüber zu bekommen, welche Konsequenzen eine Veränderungen des Geschäftsprozesses mit sich bringt. Es ist möglich, verschiedene Reengineeringlösungen quantitativ miteinander zu vergleichen.

Es ist möglich, einen Prozeß step-by-step zu simulieren oder auf einmal durchlaufen zu lassen. Man kann eine Reihe von Kennzahlen auswählen, welche nicht nur am Simulationsende angezeigt werden können, sondern sogar während der step-by-step Simulation für jeden einzelnen Prozeßschritt. Die Kennzahlen oder statistischen Werte werden in Form von Charts oder Tabellen angezeigt.

Abbildung 8.19:
Kennzahlen aus der
Simulation

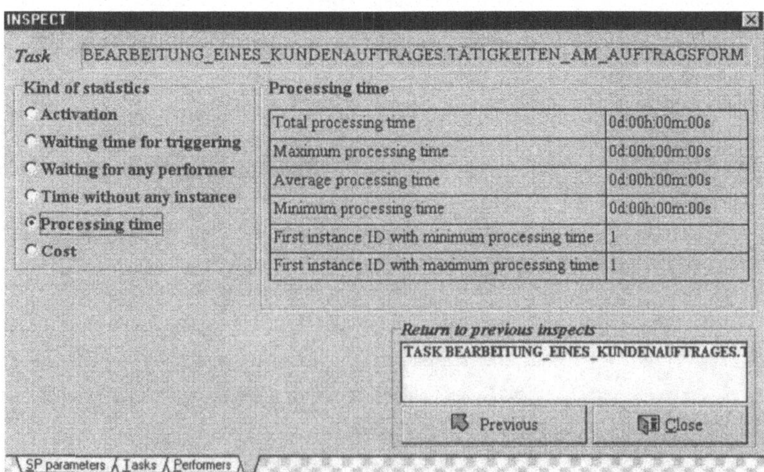

8.10 Dateikommunikation

Druckoptionen

In GRADE-BM gibt es keine Möglichkeit das gerade aktive Diagramm zu drucken, da die Diagrammfenster keine Menüpunkte enthalten. Ein Druck von Diagrammen kann nur über das Modellfenster erfolgen. Hier ist das zu druckende Diagramm auszuwählen oder alle Diagramme auf einmal. Es kann ausgewählt werden, ob das Diagramm in Farbe (mit oder ohne Hintergrund) oder in schwarz/weiß gedruckt werden soll. Weiterhin ist es möglich, ein großes Diagramm auf ein oder zwei Seiten zu zoomen.

Export/Import

GRADE-BM ermöglicht zwei Arten des Exports. Zunächst den rein graphischen Export von Modellen, wobei GRADE-BM eine Vielzahl an Formaten unterstützt (z.B. BMP, TIFF, WMF, GIF etc.). Solche exportierten Diagramme können aber nicht wieder reimportiert werden, da die semantischen Informationen beim Export verlorengehen. Deshalb bietet GRADE-BM die Möglichkeit, alle Informationen, die in einem Modell erfaßt wurden, über eine spezielle Schnittstelle zu im- oder zu exportieren. Im Moment gibt es hierfür nur ein Format, welches als EI-Format bezeichnet wird. Mittels dieser Funktion können nicht nur einzelne Diagramme, sondern auch ganze Zweige des Modellbaumes oder der gesamte Modellbaum importiert beziehungsweise exportiert werden.

GRADE 4.0 bietet die Möglichkeit des Exports von Diagrammen oder des gesamten Modells in das HTML-Format.

8.11 Projektmanagement

GRADE-BM eignet sich wegen seiner Multi-User-Fähigkeit gut für die Teamarbeit. Ein übersichtliches Projektmanagement kann so realisiert werden. Dadurch, daß Modelle mehreren oder nur einem zugänglich gemacht werden können, kann sehr genau festgelegt werden, wer was bei der Modellierung zu tun hat und in welchem Bereich ein Teammitglied keine Rechte besitzt, Änderungen durchzuführen. GRADE-BM legt keine Sitzungsprotokolle darüber an, wer etwas verändert oder hinzugefügt hat. Es gibt zwar eine Historyfunktion; sie beinhaltet jedoch nur Informationen darüber, welche Diagramme während der aktuellen Sitzung bearbeitet wurden. Auskunft über das Modell bietet das Informationsfenster.

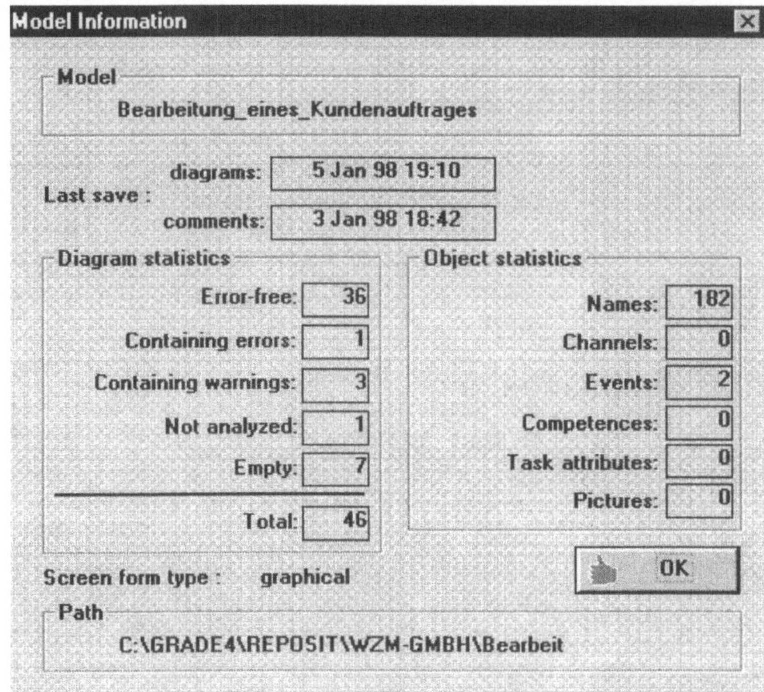

Dadurch, daß immer mehrere Modelle zeitgleich geöffnet werden können, ist eine flexible Arbeit möglich. Benötigt man Informationen aus anderen Modellen, können diese schnell nachgesehen werden. Über die EI-Schnittstelle lassen sich Diagramme zügig zu einem Modell zusammenführen, so daß mehrere Bearbeiter die Möglichkeit besitzen, an verschiedenen Teilen des Businessmodells zu arbeiten.

8.12   Sonstiges

Bei GRADE-BM handelt es sich um ein sehr umfangreiches und komplexes Tool, daß durch seine vielen zusätzlichen Funktionen nicht nur für die Geschäftsprozessmodellierung sondern auch für Datenbankadministratoren oder Systemanalytiker beim Aufbau von Informationssystemen einsetzbar ist.

Größere Schwierigkeiten traten bei der Einarbeitung in das Tool auf, die sich aufgrund der in englischer Sprache abgefaßten Handbücher und der englischen Software-Version als sehr zeitaufwendig gestaltete. Die verwendeten Fachtermini sind sehr spezifisch und die Handbücher liefern nur wenige Definitionen, bzw. ist es nicht immer eindeutig, welche Funktionen GRADE-BM beinhaltet und was nicht realisierbar ist. Da zusätzlich keine deutsche Hotline zur Verfügung steht, erschwert sich die Arbeit bei auftretenden Problemen.

Eine Vorab-Schulung ist deshalb zu empfehlen, da ein 'Learning by doing' bei GRADE-BM nur sehr schwer möglich und mit einem hohen Zeitaufwand verbunden ist. Überzeugen konnte neben dem Leistungsumfang auch die Stabilität des Programmes.

9 Nautilus

9.1 Basisinformation

Verwendete Version

Im Rahmen dieser Arbeit wurde Nautilus in der Version 1.2 Build 126 vom 10.03.97 verwendet. Dieses Produkt wurde für die Durchführung dieser Studie von der Firma IntegraISA zur Verfügung gestellt.

Methode Integrierte Datenbank

Das Tool verfügt über eine integrierte Datenbank, in der sämtliche Informationen abgelegt werden können. Zum Lieferumfang gehört neben dem Tool selbst auch eine Referenzdatenbank, die als Grundlage für die eigene Modellierung verwendet werden kann.

Hardware-anforderungen

Die Hardwareanforderungen sind im Cover der mitgelieferten CD beschrieben und werden auch während des Installationsvorganges noch einmal auf dem Bildschirm angezeigt. Die empfohlenen Mindestanforderungen sind:

- 16MB RAM
- 50MB freier Festplattenspeicher
- CD-ROM Laufwerk
- Windows95 Betriebssystem.

Kopierschutz

Bei der an uns ausgelieferten Version handelte es sich um eine Evaluationskopie, die höchstens 30mal gestartet werden kann, sonst aber den vollen Funktionsumfang bietet. Beim Starten des Programms wird ein Fenster eingeblendet, das dem Benutzer mitteilt, wie oft das Programm noch gestartet werden kann. Auf Anfrage wurde ein Freischaltcode zur Verfügung gestellt, der diesen Countdown deaktiviert. Der Freischaltcode ist abhängig von einer während der Installation zufällig generierten Identifikationsnummer (ID). Wird Nautilus von der gleichen CD mehrmals installiert, sei es auf einem anderen oder auf dem gleichen Rechner (z.B. wegen eines Plattencrashs oder wegen eines Betriebssystemfehlers), wird eine neue ID generiert, so daß ein neuer Freischaltcode vom Hersteller erfragt werden muß.

Dokumentation

Für Nautilus ist keine gedruckte Dokumentation erhältlich. Auf Anfrage wurde mitgeteilt, daß dies auch in Zukunft nicht vorgesehen ist. Das Tool verfügt allerdings über eine Onlinedokumentation, die über Animationen verfügt, mit deren Hilfe verschiedene Vorgehensweisen beim Umgang mit Nautilus erklärt werden. Inhaltlich gesehen ist diese Onlinedokumentation allerdings lückenhaft und etwas unübersichtlich strukturiert. Sie verfügt über eine Volltextsuche. Allerdings bedient sich Nautilus seiner eigenen Begriffswelt, so daß der Umgang mit der Volltextsuche anfangs etwas gewöhnungsbedürftig ist. Die Kernbegriffe, die in Nautilus Verwendung finden, sind am Anfang der Dokumentation erklärt.

Installation

Die Installation von Nautilus ist sehr einfach gestaltet. Auf der zum Lieferumfang gehörenden CD befinden sich zwei Unterverzeichnisse: Nautilus und Proargus, in denen sich jeweils eine Datei namens Setup.exe befindet. Das Verzeichnis Nautilus enthält alle Dateien, die für die Arbeit mit diesem Tool benötigt werden. Im Verzeichnis Proargus befindet sich eine Beispieldatenbank, die für die eigene Modellierung herangezogen und separat installiert werden kann. Nachdem das Setupprogramm aus dem Nautilusordner gestartet wurde, wird man menügesteuert durch den gesamten Installationsvorgang geführt. Nach einigen allgemeinen Hinweisen wird der Benutzer dazu aufgefordert, das Installationsverzeichnis zu wählen. Standardmäßig werden die Dateien im Verzeichnis Nautilus/B126 auf der Festplatte abgelegt. Der Benutzer hat ebenfalls die Wahl, den Namen des Ordners im Startmenü von Windows95 zu spezifizieren, in dem die nautilusspezifischen Symbole (z.B. zum Starten oder Deinstallieren von Nautilus) untergebracht werden sollen. Das Installationsprogramm schlägt standardmäßig Nautilus_V12_B127 vor. Dies sind bereits alle Informationen, die der Benutzer der Installationsroutine mitteilen muß, bevor an dieser Stelle die Dateien auf der Festplatte installiert werden. Beim ersten Start von Nautilus muß sich der Benutzer beim Programm durch Angabe seines Namens und der Firma anmelden. Ein weiteres Feld ist für die Eingabe des Freischaltcodes vorgesehen. Die erste Anmeldung erfolgt immer als Administrator (der Datenbank). Es können von diesem (besonders autorisierten) Benutzer weitere Benutzer angelegt werden, die vollen oder restriktiven Zugriff auf die verwendete Datenbank erhalten sollen. Nicht eingerichtete Benutzer werden von Nautilus nicht zugelassen.

Abbildung 9.1:
Startbildschirm von
Nautilus

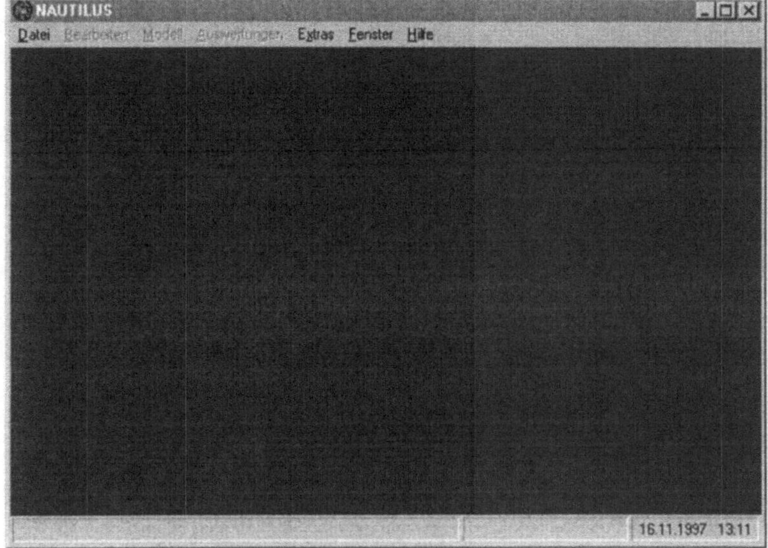

In einem ersten Arbeitschritt muß eine neue Datenbank angelegt
werden, in die alle Elemente des abzubildenden Modells aufgenommen werden. Wahlweise kann auch die zum Lieferumfang
gehörende Referenzdatenbank geöffnet und den eigenen Be-
dürfnissen angepaßt werden. Für die Erstellung einer neuen
bzw. für das Öffnen einer bereits bestehenden Datenbank stellt
Nautilus den Befehl Datenbank→Neue Datenbank anlegen...
bzw. Datenbank→Datenbank wählen zur Verfügung. In jedem
Fall wird durch Einblenden eines Fensters dazu aufgefordert,
Modellinformationen, wie z.B. eine Beschreibung und Version
zu dieser Datenbank einzugeben bzw. zu ändern.

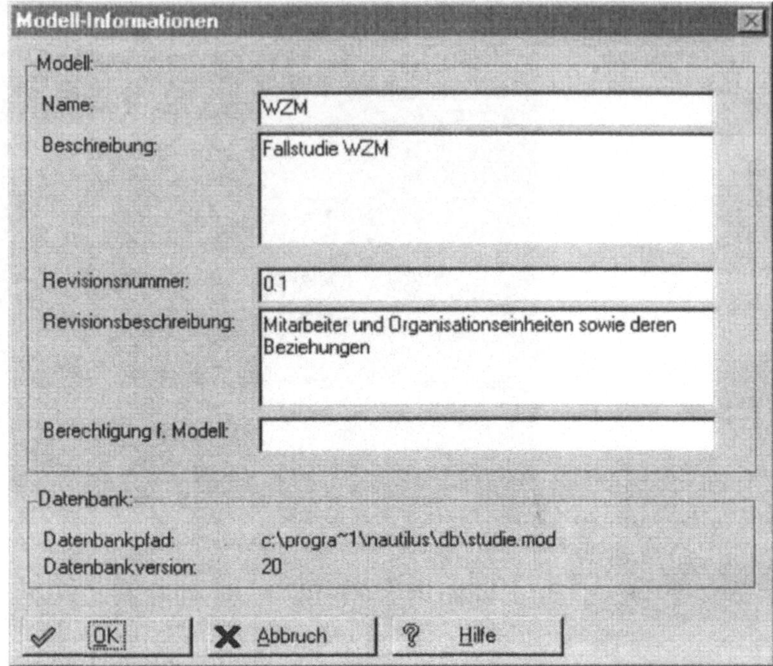

Abbildung 9.2:
Modellinformationen

Methode von
Nautilus

Die WZM Fallstudie ist aus Sicht von Nautilus ein Modell der
Realität. Dieses Modell besteht aus einzelnen Elementen, die in
irgendeiner Weise miteinander in Relation stehen. Elemente dieses Modells werden in Nautilus in einer zentralen Datenbank
verwaltet. Die Relationen zwischen diesen Elementen werden
über Verwendungseigenschaften bzw. über Ereignisse definiert,
die dem Konzept entsprechend selbst Modellelemente darstellen.

Modellelementtypen

Nautilus stellt eine Reihe von Modellelementtypen zur Verfügung:

- Anbieter
- Arbeitsmittel
- Attribut
- Begriff
- Beleg
- Dokumentation
- Ereignis
- Externes Dokument
- Funktion
- Funktionsgruppe

- Geschäftsanforderung
- Grafik
- Konfiguration
- Medium
- Memo
- Merkmal/Hinweis
- Mitarbeiter
- Objekt
- Offene Frage
- Organisationseinheit
- Potential
- Prozeß
- Textelement
- Verfahren
- Ziel

Die meisten dieser Elemente sind selbsterklärend. Weitere Erklärungen zu den Modellelementen sind in der Onlinedokumentation zu finden. Alle Modellelemente, die für unsere Fallstudie relevant sind, werden im folgenden näher erläutert. Dies sind im einzelnen:

- Organisationseinheiten
- Mitarbeiter
- Speichermedien
- Belege
- Sachmittel
- Informationen
- Ereignisse
- Prozesse
- Funktionen

Elementübersicht

Für die Erfassung und Beschreibung sowie die Zuordnung der Modellelemente stellt Nautilus eine einheitliche Schnittstelle zur Verfügung, die Elementübersicht. Diese Bezeichnung stellt das zentrale Verwaltungsmodul für sämtliche Modellelemente dar. Es dient nicht nur zur Übersicht über die Modellelemente, sondern wird auch benutzt, um sie zu verwalten, d.h., Modellelemente anzulegen, sie zu beschreiben und sie mit anderen zu verbinden.

Bei größeren Projekten ist es ratsam, zuerst alle Modellelemente zu erfassen, zu beschreiben und anschließend die Relationen zwischen ihnen abzubilden. Im folgenden soll jedoch die vorgegebene Gliederung eingehalten werden.

9.2   Aufgabenanalyse

Aufgaben werden in der Elementenübersicht als Funktionen bzw. Funktionsgruppen erfaßt. Demzufolge ist eine eigenständige Aufgabenanalyse in Nautilus nicht möglich. Die Einteilung in Funktion und Funktionsgruppe dient lediglich der Übersichtlichkeit und hat keine weitere inhaltliche Bedeutung.

Abbildung 9.3:
Elementenübersicht
Typ Funktion

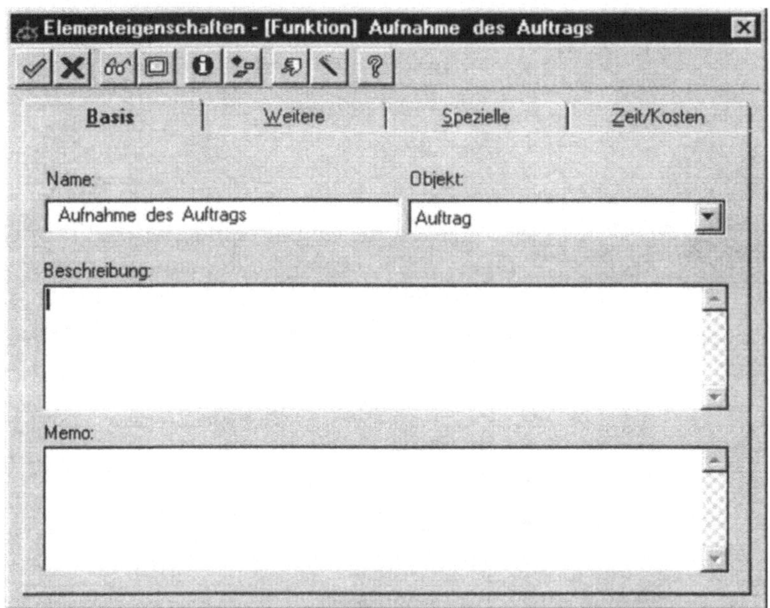

Eigenschaften

Die Eindeutigkeit einer Aufgabe wird über den Name bestimmt. Es können jedoch beliebig viele Kopien angelegt werden. Neben der Angabe des Namens und des Objekts können für Funktionen weitere Eigenschaften erfaßt werden. Zu den Eigenschaften von Funktionen gehören z.B. die Bearbeitungszeit in Minuten, Bearbeitungskosten und Warte-/Liegezeiten in Minuten. Zusätzlich kann Klassifizierung, Art, Beschreibung und Memo angegeben werden.

Integration

Die in der Elementenübersicht erfaßten Funktionen und Funktionsgruppen stehen für die spätere Prozeßmodellierung zur Verfügung.

9.3   Prozeß

Prozesse sind zentrale Modellelemente und werden daher ebenfalls über die Elementübersicht erfaßt. Sie sind jedoch an gewisse Objekte, wie z.B. Kunde, Auftrag usw. gebunden, d.h., diese Objekte müssen in der Eingabemaske angegeben werden und sind somit ggf. zunächst zu erfassen. Zuordnungen von anderen Modellelementen können über den Button Informationen oder aber über ein Prozeßfenster spezifiziert werden. Das Prozeßfenster öffnet sich durch einen Doppelklick auf den Namen des Prozesses, der in der Liste im Fenster Elementübersicht aufgeführt ist. Wahlweise kann ein Prozeßfenster auch aus dem Menü Modell→neues Prozeßfenster oder neues Grafikfenster geöffnet werden.

Darstellung

Zur Darstellung von Prozessen unterscheidet Nautlius zwischen einer textuellen Darstellung im Prozeßfenster oder einer grafischen Darstellung durch Symbole im Grafikfenster

Standardmäßig ist das Prozeßfenster dreigeteilt. Im linken, größeren Bereich erscheint der ausgewählte Prozeß, in den beiden rechten Bereichen können Zuordnungen zum Prozeß oder zu Funktionen oder Gruppen davon vorgenommen werden. Weiterhin bietet das Prozeßfenster die Möglichkeit, Aufgaben zu definieren, die diesem Prozeß zugeordnet werden. Dies geschieht über den Button „Einfügen" aus der Menüleiste.

Abbildung 9.4:
Prozeßfenster in
Nautilus

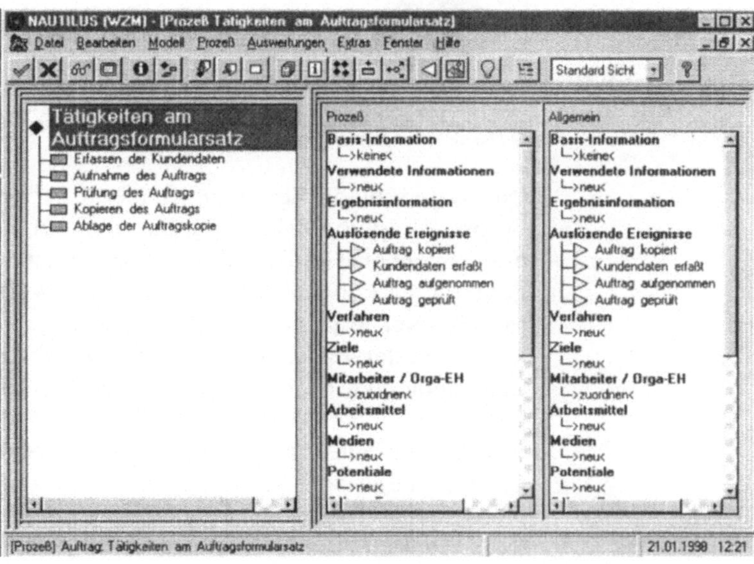

Ist eine Funktion noch nicht erfaßt, kann dies jetzt geschehen. Aus Gründen der übersichtlicheren Strukturierung ist es aber empfehlenswert, zunächst alle im Modell verwendeten Modellelemente zu erfassen und sie anschließend einander entsprechend zuzuordnen.

Im Grafikfenster stehen alle Modellelemente als Symbole zur Modellierung von Prozessen zur Verfügung. Eine inhaltliche Zuordnung zu den Symbolen erfolgt über den Button Einfügen. Es öffnet sich daraufhin wiederum das Fenster Elementübersicht, aus dem das entsprechende Element wie z.B. Funktion ausgewählt werden kann.

Abbildung 9.5:
Grafikfenster in
Nautilus

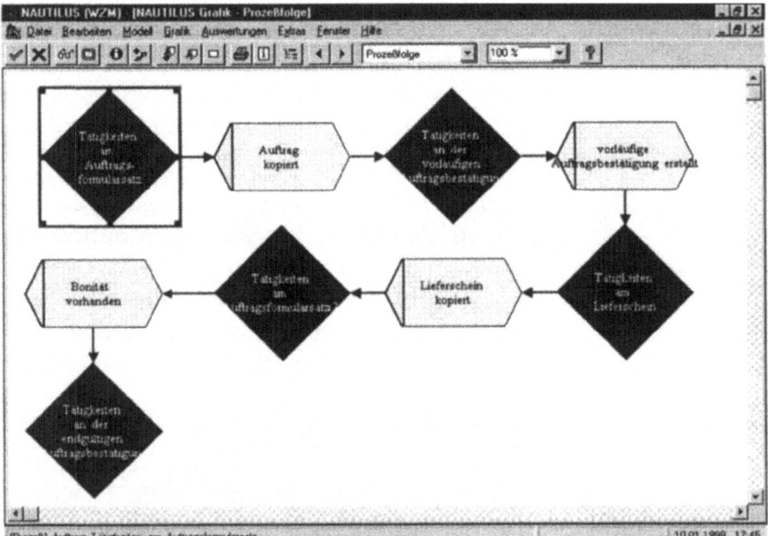

Die unterschiedlichen Grafiksymbole können bezüglich Text, Colors, Graphic, Styles und Internet frei gestaltet werden. Die den einzelnen Grafiksymbolen bzw. Elementen hinterlegten Eigenschaften können nicht eingeblendet werden. Im Grafikfesnter stehen zwei Kantentypen zur Verfügung. Solche die nur visuellen Charakter haben und solche, die Abhängigkeiten zwischen den Elementen ausdrücken. Nachträglich durchgeführte Darstellungsänderungen können immer nur für ein Symbol oder eine Verbindung zwischen Symbolen durchgeführt werden. Eine allgemeingültige oder selektive Änderung kann nicht durchgeführt werden. Ein bereits im Prozeßfenster modellierter Prozeß kann in den Grafikmodus automatisch umgewandelt werden, indem im Prozeßfenstermodus im Menü „Auswertungen" die Option

„EPK-Darstellung" ausgeführt wird. Im Textmodus (Prozeßfenster) durchgeführte Änderungen werden automatisch im Grafikfenster berücksichtigt.

Hierarchische Prozeßstruktur

Die Prozeßstruktur ist in Nautilus hierarchisch angelegt, d.h. einem bestimmten Prozeß können z.B. Funktionen zugeordnet werden, oder aber auch Funktionsgruppen, die wiederum aus Funktionen und Gruppen davon bestehen können. Es können dann Eigenschaften für ganze Gruppen zusammengehöriger Funktionen festgelegt werden.

Ereignisgesteuerte Prozeßketten (EPK)

Nautilus ermöglicht die Darstellung von ereignisgesteuerten Prozeßketten (EPK). Es können also Ereignisse festgelegt werden, die einen bestimmten Prozeß oder eine Funktion auslösen bzw. Ergebnis einer solchen sind. Ereignisse werden ebenfalls über die Elementübersicht erfaßt, die auch aufgerufen wird, wenn ausgehend von einem Prozeßfenster Ereignisse bearbeitet werden sollen.

Die Abläufe innerhalb eines Prozesses bzw. zwischen mehreren Prozessen erfolgen ebenfalls ereignisgesteuert. Im Prozeßfenster kann wahlweise auch das Input-/Output-Fenster eingeblendet werden. Hieraus wird ersichtlich, wie die Prozesse verkettet sind.

Linearität im Ablauf

Abläufe innerhalb von Prozessen sind meist linearer Natur. Um solche Linearität in Nautilus darzustellen, wird jede Funktion innerhalb des Prozesses von einem auslösenden Ereignis aufgerufen. Dieses erzeugt seinerseits wiederum ein Ereignis, das dann die nächste Funktion aufruft usw.

Bedingungen zur Ablaufsteuerung

Es kann vorkommen, daß gewisse Funktionen zwar zu einem Prozeß gehören, aber nicht immer, sondern nur unter bestimmten Voraussetzungen ausgeführt werden müssen. Dies kann dadurch ausgedrückt werden, daß diesen Funktionen Bedingungen zugeordnet werden, unter denen die Funktionen ausgeführt werden. Bei der Definition solcher Bedingungen hilft der sogenannte Bool-Editor, mit dessen Hilfe verschiedene Bedingungen logisch verknüpft werden können.

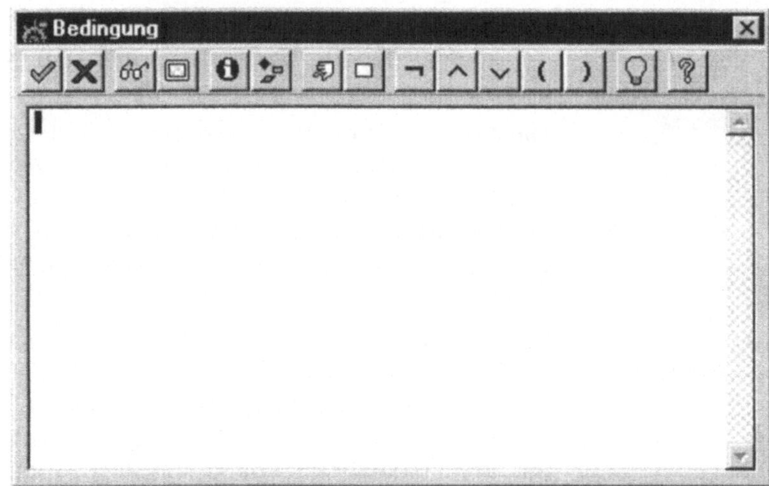

Abbildung 9.6:
Bool-Editor von
Nautilus

Parallelitäten im
Ablauf

Das Konzept von auslösenden und erzeugten Ereignissen kann auch dazu verwendet werden, Parallelität in Abläufen zum Ausdruck zu bringen. Einerseits geschieht dies textorientiert, d.h., die Verknüpfung von Prozessen oder Funktionen über Ereignisse erfolgt im Prozeßfenster. Andererseits stellt Nautilus Graphiken zur Verfügung, mit deren Hilfe es möglich ist, die Korrektheit der Verknüpfungen zu überprüfen. Allgemein kann Parallelität dadurch ausgedrückt werden, daß ein von einem bestimmten Prozeß oder einer bestimmten Funktion erzeugtes Ereignis auslösendes Ereignis für mehrere andere Prozesse oder Funktionen ist.

9.4 Informations-/Datenmodell

Für die Darstellung der im Modell verwendeten Informationen und die dazugehörigen Speichermedien stellt Nautilus drei verschiedene Modellelementtypen zur Verfügung:

- Medium (z.B. Ordner, Ablagekorb, Kassette)
- Beleg (Auftragsformularsatz)
- Attribut (z.B. Kundennummer)

Eingabe

Die Erfassung dieser Modellelemente erfolgt über das Modul Elementübersicht. Während die anderen Modellelemente wie bereits beschrieben erfaßt werden, ist das Modellelement Attribut an bestimmte Objekte gebunden. Als Objekt kommt bezüglich unserer Fallstudie z.B. Kunde oder auch Auftrag in Frage, d.h., diese Objekte müssen zuvor angelegt und beim Erfassen der Attribute aus dem gleichnamigen Eingabefeld des Fensters

„Elementübersicht" ausgewählt werden. Wie für alle Modellelemente, können auch für Belege Zuordnungen getroffen werden. So kann z.B. ausgedrückt werden, daß der Auftragsformularsatz, der selbst ein Beleg ist, aus den Belegen Original (weiß), Durchschrift1 (blau) und Durchschrift2 (gelb) besteht. Diese Zuordnung erfolgt wiederum durch Auswählen des Informationssymbols und Anklicken des Reiters Zuordnungen. Für das Modellelement Beleg wird eine umfangreichere Liste von Verwendungsmöglichkeiten angeboten. Unter dem Punkt Belege können die Belege hinzugefügt werden, aus denen der Auftragsformularsatz besteht.

Abbildung 9.7:
Zuordnungen von
Belegen zum Auf-
tragsformularsatz

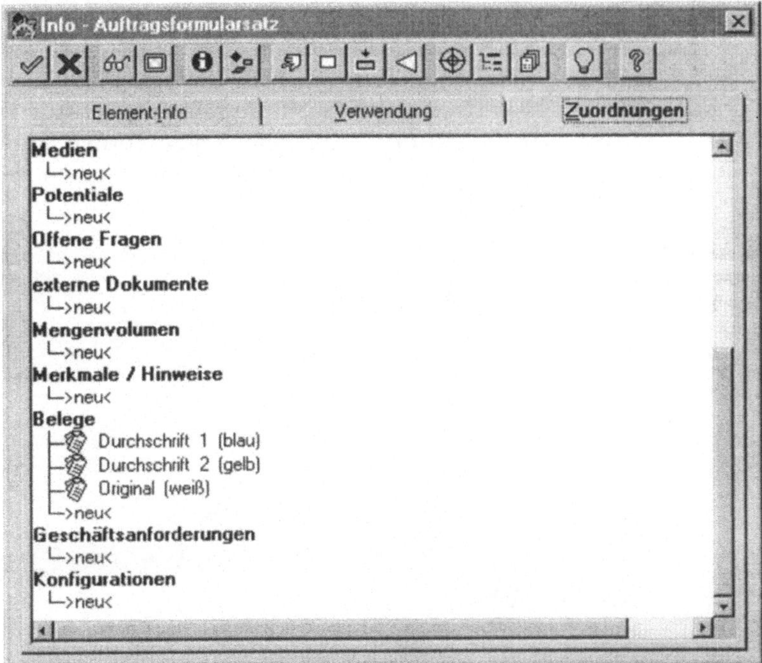

Eigenschaften

Für die drei Modellelementtypen können wie für die anderen Modellelemente Eigenschaften hinterlegt werden, wie Sie bereits unter dem Punkt Prozeß näher beschrieben wurden.

Darstellung

Das Grafikfenster ermöglicht die grafische Darstellung der Modellelemente Medium, Beleg und Attribut, für die je ein eigenes Grafiksymbol zur Auswahl steht, das mit den Inhalten aus der Elementenübersicht gefüllt werden kann.

Eine Datenmodellierung kann mit Nautilus nicht durchgeführt werden.

9.5   Aufbauorganisation

Zur Modellierung der Aufbauorganisation stehen in Nautilus die beiden folgenden Elemente zur Verfügung:

- Organisationseinheiten und
- Mitarbeiter

Modellelement: Organisations-einheiten

Im Feld „Name" werden die Bezeichnungen der Organisationseinheiten erfaßt. Zusätzlich ist der Typ des Modellelements, hier Organisationseinheit, zu spezifizieren. Eigenschaften können hier analog zu anderen Modellelementen erfaßt werden.

In der Nautilusdatenbank kann keine Trennung in Klassen und Instanzen von Organisationseinheiten, den Klassen wie z.B. Bereich oder Abteilung und den Instanzen wie z.B. Abteilung Beschaffung oder Bereich Fertigung, nicht ausgedrückt werden. Um bei der weiteren Modellierung entsprechende Beziehungen zwischen den Modellelementen vornehmen zu können, müssen alle Instanzen der Organisationseinheiten an dieser Stelle erfaßt werden.

Abbildung 9.8: Elementübersicht Organisations-einheiten

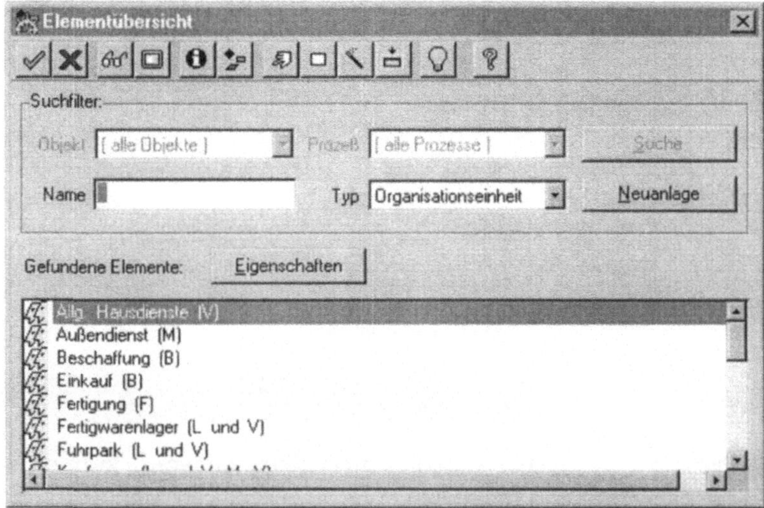

Modellelement: Mitarbeiter

Zusätzlich zu den Organisationseinheiten kann das Modellelement Mitarbeiter in der Nautilusdatenbank erfaßt und den entsprechenden Organisationseinheiten zugeordnet werden, wobei gleichzeitig die Stellen festgelegt werden können. Mit diesem Tool ist es nicht möglich, auszudrücken, daß ein bestimmter Mitarbeiter mehrere Stellen innehat. Dies ist aber z.B. dann der Fall, wenn ein Mitarbeiter zwei Teilzeitstellen ausfüllt. Hier ist im Feld

„Name" des Fensters „Elementübersicht" der Nachname des entsprechenden Mitarbeiters zu erfassen. Nautilus gibt eine Mitteilung auf dem Bildschirm aus, wenn ein Mitarbeiter mit einem Nachnamen erfaßt wird, der bereits existiert, läßt die Eingabe aber selbstverständlich zu. Weitere Angaben zu den Mitarbeitern, wie z.B. Anrede, Vorname usw. können über den Button Eigenschaften spezifiziert werden.

Abbildung 9.9:
Eigenschaften von
Mitarbeitern

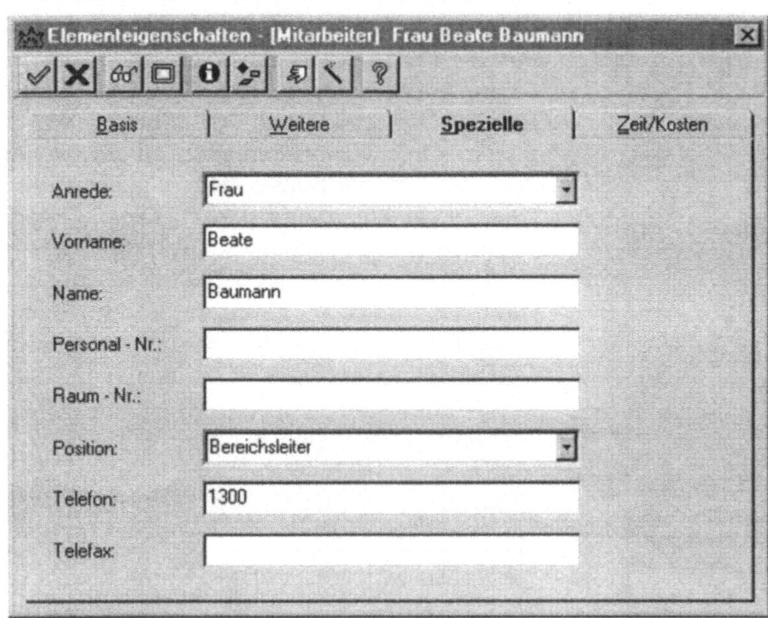

Zuordnen der
Mitarbeiter zu den
Organisations-
einheiten

Mitarbeiter können Organisationseinheiten zugeordnet werden. Gleichzeitig können Vorgesetztenverhältnisse spezifiziert werden. Nachdem in diesem Fenster als Typ Mitarbeiter spezifiziert wurde, kann man über die Suchen-Funktion alle Mitarbeiter aus der Datenbank anzeigen lassen. Durch Eingabe von Mustern, z.B. einen bestimmten Namen im Feld „Name", kann das Suchergebnis eingeschränkt werden. Nachdem der gesuchte Mitarbeiter ausgewählt wurde, kann durch Mouseklick auf das Informationssymbol das Fenster Informationen über die Verwendung für diesen Mitarbeiter aufgerufen werden. Dieses Fenster bietet drei Kategorien an:

Element-Info: Hier werden Informationen zum ausgewählten Element angezeigt: Eine Beschreibung und ein Memofeld.

Verwendung: Der Inhalt dieses Fensters gibt Aufschluß darüber, an welchen Stellen in unserem Modell das entsprechende

Modellelement verwendet wird und welche Relationen zwischen diesem und anderen Modellelementen existieren.

Zuordnungen: Über dieses Fenster kann das Modellelement anderen Modellelemente zugeordnet werden. Das Ergebnis derartiger Zuordnungen kann alsdann durch einen Mouseklick auf den Reiter „Verwendung" eingesehen werden.

Letztere Kategorie stellt für das Modellelement Mitarbeiter zwei Zuordnungen zur Verfügung: „gehört zu ORGA Einheiten" und „hat als Vorgesetzte". Ein Mitarbeiter kann einer oder mehreren Organisationseinheiten zugeordnet werden. Das Zuordnungsfenster ist zweigeteilt. Auf der linken Seite sind alle bereits definierten Organisationseinheiten aufgelistet. Aus dieser Liste werden die Organisationseinheiten ausgewählt, zu denen der entsprechende Mitarbeiter gehört. Diese Organisationseinheiten erscheinen auf der rechten Seite des Fensters. Auf die gleiche Weise werden Vorgesetztenverhältnisse ausgedrückt. Für einen bestimmten Mitarbeiter kann die Relation „hat als Vorgesetzte" ausgewählt werden. Die Relation „ist Vorgesetzter von" wird automatisch generiert. Hier ist zu beachten, daß Nautilus keine Unterscheidungsmöglichkeiten zwischen fachlichen und disziplinarischen Vorgesetzten macht.

Abbildung 9.10:
Zuordnen von
Mitarbeitern zu
Organisationsein-
heiten

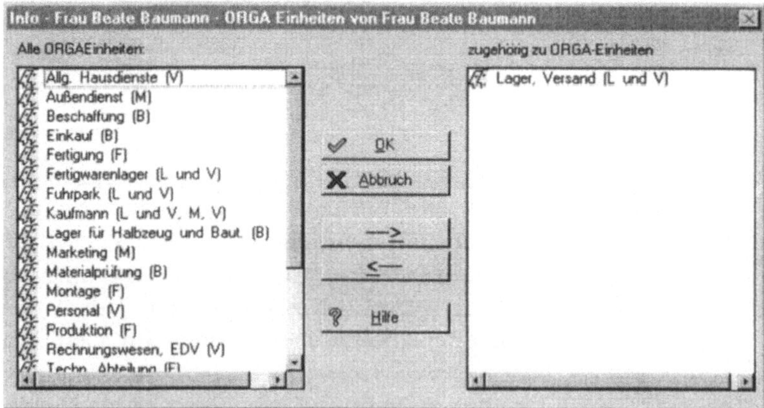

Darstellung

Das Grafikfenster ermöglicht die Erstellung von Organigrammen. Analog zum Prozeß können die Grafiksymbole eingefügt und mit den Inhalten aus der Elementenübersicht versehen werden. Die Layoutgestaltungsmöglichkeiten entsprechen denen der Prozeßgestaltung.

Abbildung 9.11:
Organigramm in
Nautilus

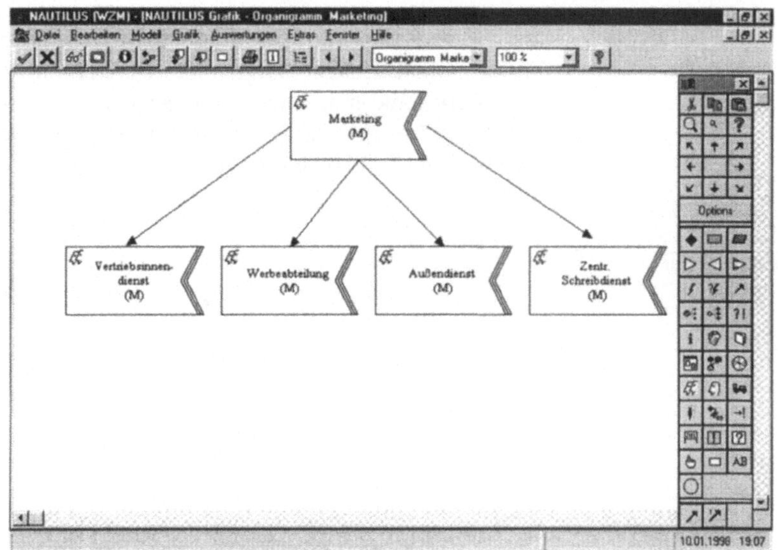

Integration

In der Elementenübersicht erfaßte Organisationseinheiten und Mitarbeiter können dem Prozeß bzw. den Funktionen im Prozeß zugeordnet werden. Die Erstellung von Stellenbeschreibungen ist nicht möglich.

9.6   Sachmittel

Nautilus verwendet für den Begriff Sachmittel den Begriff Arbeitsmittel. Arbeitsmittel werden über die Elementübersicht aus dem Menü Bearbeiten→Modellelement anlegen erfaßt. In diesem Fenster ist als Modellelementtyp Arbeitsmittel zu wählen und im Eingabefeld Name eine Bezeichnung für das Arbeitsmittel zu spezifizieren.

Integration

Diese Arbeitsmittel können den Prozessen oder Funktionen zugeordnet werden, in denen sie verwendet werden. Diese Zuordnungen können für jedes Arbeitsmittel unter dem Punkt Verwendung aufgelistet werden. Dieser Punkt ist aus der Elementübersicht→Informationen erreichbar.

Eigenschaften

Auch für Sachmittel können Eigenschaften angegeben werden. Die Eigenschaften unterscheiden sich nicht von den Eigenschaften anderer Modellelemente. Es können keine Kapazitäts- oder Verfügbarkeitswerte angegeben werden.

Darstellung

Eine grafische Aufbereitung der Sachmittel kann im Grafikfenster erfolgen. Die Arbeitsmittel können im Grafikmodus mit einer Verbindungslinie verbunden werden, der jedoch keine inhaltliche Bedeutung zugrunde liegt. Arbeitssachmittel können auch in Form von Bitmaps dargestellt werden, was insbesondere die Übersichtlichkeit in Prozessen erhöht, wo Sachmittel eingeblendet sind. Die den Sachmitteln hinterlegten Eigenschaften können nicht eingeblendet werden.

Abbildung 9.12:
Sachmittel im
Grafikfesnter

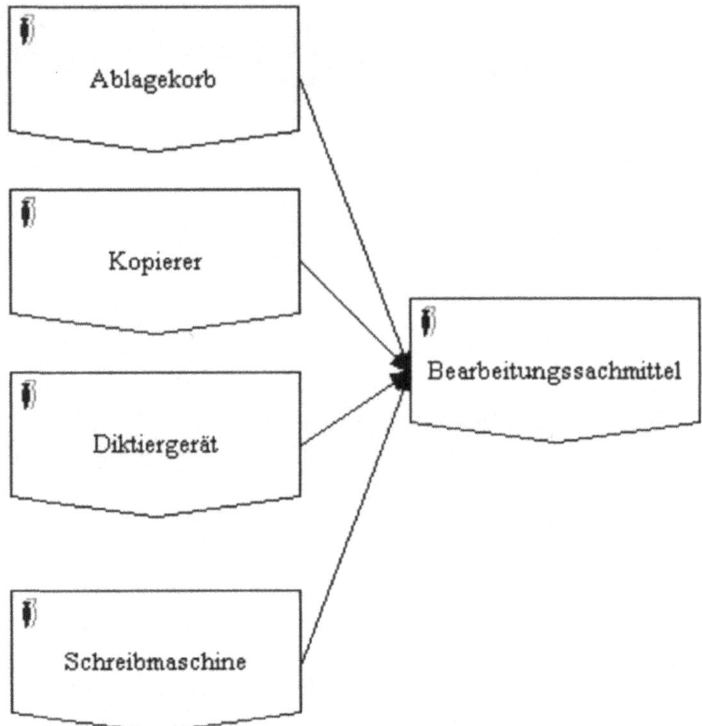

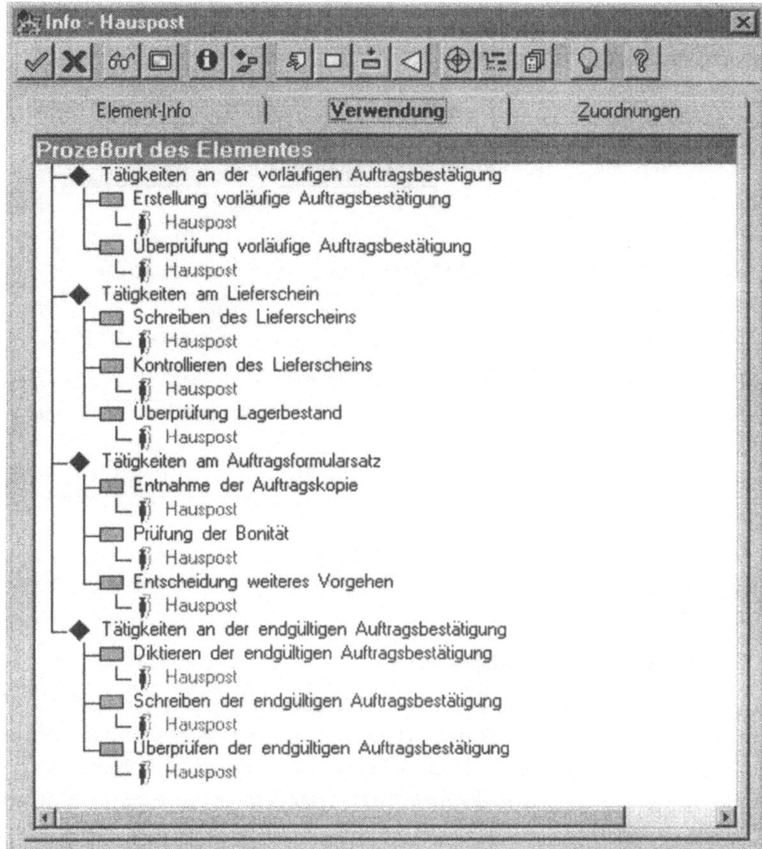

Abbildung 9.13:
Verwendungen des
Arbeitsmittels Haus-
post innerhalb des
Modells

9.7 Dimensionen

9.7.1 Zeit

In der Elementübersicht können in Nautilus über den Button
„Eigenschaften", Karteikarte „Kosten/Zeiten" folgende Zeitwerte
eingegeben werden. Durchschnittliche, minimale und maximale
Bearbeitungszeit in Minuten. Zusätzlich können durchschnittliche, minimale und maximale Warte-/Liegezeiten in Minuten angegeben werden. Diese Zeitwerte stehen allen Elementen zur
Verfügung, was inhaltlich immer ganz sinnvoll erscheint. Weitere
Zeitwerte wie z.B. Zeiten der Verfügbarkeit oder Sperrzeiten
können nicht erfaßt werden. Eine Auswertung hinsichtlich der
Berechnung von Prozeßdurchlaufzeiten konnte nicht gefunden
werden.

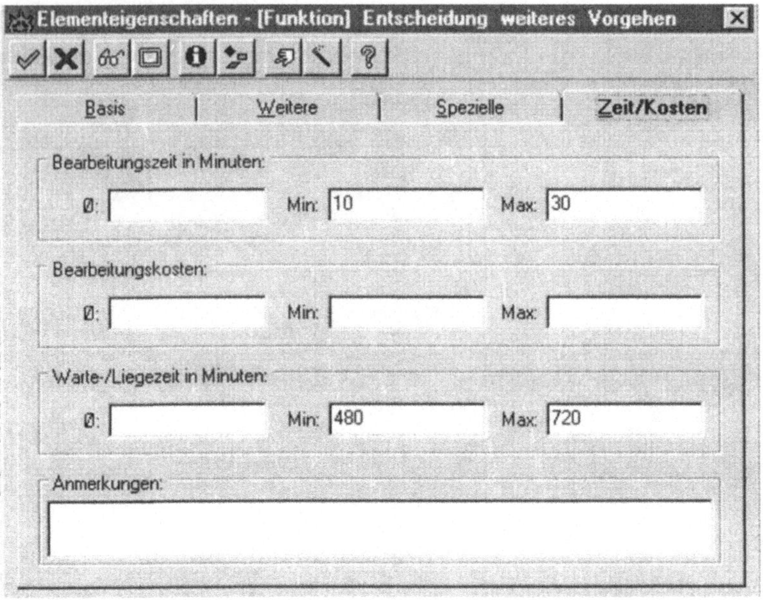

Abbildung 9.14:
Zeiten für Funktionen

9.7.2   Menge

Bezogen auf Mengenangaben können für Funktionen, Funktionsgruppen und Prozesse Mengenvolumen angegeben werden. Die Mengenvolumen werden als Elementtyp Textelement erfaßt und können für Prozeßberechnungen nicht verwendet werden.

9.7.3   Kosten

Kosten können analog zu den Zeiten für alle Modellelemente erfaßt werden. Es können durchschnittliche, minimale und maximale Berarbeitungskosten eingegeben werden. Eine Prozeßkostenrechnung auf der Basis von Kostenstellen mit der Einteilung in leistungsmengenneutrale und leistungsmengeninduzierte Kosten ist nicht möglich.

9.8   Analyse

Werkzeuge: Listen
und Graphiken

Nautilus stellt eine Reihe von Werkzeugen zur Verfügung, mit deren Hilfe die in der Datenbank abgebildeten Modellelemente und deren Beziehungen untereinander visualisiert werden können. Dies sind zum einen Listen und zum anderen Graphiken. Beide Werkzeuge werden im folgenden näher beschrieben.

Über den Menüpunkt Auswertungen können für jeden Modellelementtyp Listen erstellt werden. Diese Listen enthalten Übersichten über die definierten Modellelemente und deren Eigenschaften wie z.B. bei Mitarbeitern die Telefonnummer oder bei Funktionen die Bearbeitungs- und Wartezeiten sowie die Kosten. Derartige Listen eignen sich zu Abstimmungszwecken.

Prozeßauskunft

Die Prozeßauskunft stellt eine weitere Möglichkeit dar, modellierte Prozesse zu dokumentieren. In diesem Bericht werden alle wichtigen Elemente eines Prozesses zusammengefaßt. Die Prozeßauskunft eignet sich gut für eine Vollständigkeitsprüfung. Es besteht die Möglichkeit, die Prozeßauskunft nach den Kriterien Mitarbeiter, Prozeß oder Geschäftsobjekt zu selektieren.

Prozeßmatrix

Automatisch kann auch eine Prozeßmatrix generiert werden. Bei der Prozeßmatrix handelt es sich um ein graphisches Werkzeug, das wesentliche Zusammenhänge der Prozeßmodellierung darstellt und dazu benutzt werden kann, Prozeßunterbrechungen zu visualisieren.

Prozeßbeziehungen

Über die automatisch generierbare Graphik Prozeßbeziehungen lassen sich graphisch Relationen zwischen Prozessen darstellen, wobei über den Parameter Stufigkeit eine gewisse Verfeinerung bzw. Vergröberung der Graphik eingestellt werden kann. Zunächst ist ein Prozeß als Ausgangspunkt zu wählen. Bei einer Stufigkeit von beispielsweise zwei wird nicht nur der Anfangsprozeß detailliert beschrieben, sondern auch alle daran angrenzenden Prozesse.

EPK-Darstelung

Mit Hilfe der EPK-Darstellung können die Prozeßketten und die Abhängigkeiten der Funktionen eines Prozesses graphisch dargestellt werden. Diese Graphik wird aus den in der Datenbank vorhandenen Informationen automatisch erstellt. Es kann eingestellt werden, ob auch die Zuordnungen in die EPK-Darstellung mit aufgenommen werden sollen oder nicht. Wenn ja, kann spezifiziert werden, welche Zuordnungen Bestandteil dieser Graphik sein sollen.

**Organisations-
einheitsauskunft**

Die Organisationseinheitsauskunft ist eine automatisch generierte Liste, die Informationen über eine zuvor zu spezifizierende Organisationseinheit enthält. Aufgeführt werden die zu der jeweiligen Organisationseinheit gehörenden Mitarbeiter sowie die dazugehörigen Prozesse.

Elementbeziehungen

Mit Hilfe der Graphik „Elementbeziehungen" können sehr vielfältige Graphiken unter verschiedenen Gesichtspunkten dargestellt werden. Beispielsweise alle Arbeitsmittel, die innerhalb eines Prozesses verwendet werden. Dargestellt wird außerdem, für welche Aufgaben die entsprechenden Sachmittel verwendet werden.

Abbildung 9.15: Liste einer Auswertung in Nautilus (hier: Funktionen)

Funktion-Liste für WZM — Administrator

Liste Funktion

Ablage der Auftragskopie	Zeiten und Kosten in Minuten bzw. DM: Zeit Ø: Min: 1 Max: 2 Kosten Ø: Min: Max: Wartezeit Ø: Min: 5 Max: 10
Ablage vorläufige Auftragsbestätigung	Zeiten und Kosten in Minuten bzw. DM: Zeit Ø: Min: 1 Max: 2 Kosten Ø: Min: Max: Wartezeit Ø: Min: 5 Max: 8
Ablegen der endgültigen Auftragsbestätigung	Zeiten und Kosten in Minuten bzw. DM: Zeit Ø: Min: 1 Max: 2 Kosten Ø: Min: Max: Wartezeit Ø: Min: 120 Max: 240
Aufnahme des Auftrags	Zeiten und Kosten in Minuten bzw. DM: Zeit Ø: Min: 1 Max: 5 Kosten Ø: Min: Max: Wartezeit Ø: Min: 20 Max: 60

9.9 Simulation

Die Simulation von Abläufen ist in dieser Software nicht vorgesehen.

9.10 Dateikommunikation

Zur Kommunikation der in Nautilus erfaßten Inhalte steht im wesentlichen die konventionelle Druckoption zur Verfügung. Ein spezieller Viewer oder die Generierung von HTML-Seiten ist nicht vorhanden bzw. möglich.

9.11 Projektmanagement

Die uns zur Verfügung gestellt Version 1.2 ermöglicht nur bedingt ein effizientes Arbeiten in Projekten. Die uns gegen Ende des Projekts zur Verfügung gestellte neue Version 1.25 läßt einige Verbesserungen erkennen, bezogen auf die Projektunterstützung. Die wesentlichen Verbesserungen durch die neue Version werden unter Punkt Sonstiges aufgeführt, so daß an dieser Stelle auf die Erläuterungen im folgenden Punkt verwiesen wird.

9.12 Sonstiges

Die zunächst sehr zukunftsweisende Idee, ein Tool zu entwickkeln, welches sowohl eine textuelle als auch graphische Modellierung ermöglicht, ist in Nautilus gut umgesetzt. Die graphische Modellierung ist bezogen auf den Komfort und die Gestaltungsmöglichkeiten jedoch in einigen Punkten verbesserungsfähig. Die Idee, ein umfassendes Referenzmodell bereitzustellen, um den Modellierungaufwand zu reduzieren, konnte zumindest bei der vorliegenden Fallstudie nicht angewendet werden, da eine Anpassung des Referenzmodells im Verhältnis zur Neumodellierung deutlich aufwendiger gewesen wäre. Eine zügige Eingabe der Modellelemente ist leider aufgrund der doch recht langsamen Programmantwortzeiten etwas behindert. Ein fehlendes Handbuch und die dürftige online-Hilfe lassen es ratsam erscheinen, zunächst eine Schulung zu besuchen, zumal Nautilus eine eigene Begriffswelt verwendet, auf die eingangs hingewiesen wurde.

Gegen Ende des Projekts erhielten wir eine aktuelle Version 1.25 von Nautilus. Leider konnte aus Zeitgründen diese Version nicht mehr vollständig beschrieben werden. Dieser Abschnitt soll dazu dienen, einen Überblick über die neuen bzw. geänderten Funktionen der neuen Version zu geben.

Gemeinsamer Modellzugriff

Nautilus 1.25 unterstützt den Zugriff auf eine Modelldatenbank von mehreren Benutzern gleichzeitig. Dabei werden die Schreibrechte der einzelnen Benutzer genau überwacht, womit ein "last in-last out" verhindert wird. Vorteil dieser Verfahrensweise ist es, daß alle Benutzer immer mit der aktuellen Datenbank arbeiten. Die Versionskontrolle der Datenbank wird somit ebenfalls vereinfacht. Die Datenbank wird immer konsistent gehalten, denn es besteht keine Veranlassung mehr, mehrere Kopien der Datenbank zu verwalten.

Import/Export

Über das Menü Modell→Modellorgansation können bereits vorhandene Datenbanken oder Teile davon importiert/exportiert werden. Dies ist z.B. sinnvoll, um Modellelemente aus anderen ähnlichen Modellen wiederzuverwenden.

**Dynamische Gra-
phikgenerierung**

Die im Modell abgebildeten Relationen zwischen den Modellelementen lassen sich in dynamischen Graphiken visualisieren.
Bereits vor der Erstellung einer Graphik kann spezifiziert werden, wie viele Ebenen bei der graphischen Darstellung eingeblendet werden sollen, z.B. kann festgelegt werden, welche Organisationseinheiten und Mitarbeiter an dem jeweiligen Prozeß
beteiligt sind und ob auch die verwendeten Sachmittel oder Informationen als Bestandteil der Graphik dargestellt werden sollen. Bei jedem Generierungsschritt überläßt es Nautilus dem Benutzer, mögliche Weiterverkettungen ebenfalls anzuzeigen oder
auszublenden. Auf diese Weise ist es möglich, noch während
der Generierung einer Graphik auf deren Informationsgehalt, je
nach beabsichtigter Aussage, Einfluß zu nehmen.

**Kontextsensitive
Onlinehilfe**

Die Onlinedokumentation von Nautilus wurde ebenfalls überarbeitet. Aus einer Vielzahl von Modulen, wie z.B. dem Prozeßfenster, der Elementübersicht oder dem Graphiktool heraus, kann
sofort eine kontextsensitive Hilfe aufgerufen werden, die dem
Benutzer die für die jeweilige Aufgabe zur Verfügung stehenden
Symbole, Schalter und Verfahren erklärt.

10 Zusammenfassung

Die eingangs aufgestellten Kriterien haben bei der Anwendung auf die einzelnen Tools erkennen lassen, daß eine klare Aussage mit ja oder nein bzw. gut oder schlecht nicht getroffen werden kann. Dies liegt zum einen darin begründet, daß in manchen Tools erst über Umwege oder indirekt eine bestimmte Modellierung möglich ist. Auf der anderen Seite wurde für die Anwendung der Kriterien eine Fallstudie zugrunde gelegt, die in der Praxis um unternehmensspezifische Anforderungen und Schwerpunkte ergänzt werden müßte. Speziell aus den unternehmens- bzw. projektspezifischen Anforderungen heraus, kann bei den meisten Kriterien eine Wertung vorgenommen werden, wofür sich die Toolbeschreibungen sehr gut eignen. Hierzu einige kleine Beispiele. Besteht der Haupteinsatzbereich in der Erstellung von Stellenbeschreibungen, zeigen sich bei den meisten Tools deutliche Schwachstellen, wodurch die Wahl erheblich eingeschränkt wird und der Ablauf-Profi diesbezüglich eindeutig das geeignetste Tool ist. Liegt der Schwerpunkt in der Simulation, eignen sich der Ablauf-Profi und Nautilus nicht, da sie über keine Simulationskomponente verfügen. Bei Bonapart ist dies wiederum sehr gut ausgebaut und es schneidet bezogen auf die Simulation am besten ab. Wird bei der Darstellung von Geschäftsprozessen eine ereignisgesteuerte Prozeßkette gewünscht, eignet sich Bonapart allerdings nicht. In diesem Fall ist es ARIS, das die beste EPK-Darstellung ermöglicht. Die Layoutgestaltungsmöglichkeiten der einzelnen Objekte ist in ARIS andererseits nur unbefriedigend umgesetzt, während Bonapart eine sehr flexible Layoutgestaltung bietet.

Bereits diese Beispiele verdeutlichen die Schwierigkeit, eine allgemeingültige Bewertung vorzunehmen. Der Leser kann jedoch bezogen auf die Tooldarstellungen seine individuelle Bewertung vornehmen, bei der ihm die Beschreibung der aus unserer Sicht je zwei herausragenden positiven und negativen Punkte der Tools, die sie charakterisieren, Hilfestellung bieten sollen.

Ablauf-Profi

Der Ablauf-Profi ist ein Tool, das primär zur Unterstützung der Organisationsarbeit entwickelt wurde und eindeutig seine Stärken in den klassischen Bereichen der Organisationsarbeit hat. Hierzu zählt u.a. die Erstellung von Stellenbeschreibungen, die im Ablauf-Profi eindeutig am einfachsten und umfassendsten erstellt werden können. Eine zweite Stärke des Tools liegt in den unterschiedlichen Darstellungsvarianten von Geschäftsprozessen, zwischen denen automatisch gewechselt werden kann.

Die Modellierung von Geschäftsprozessen (Folgestruktur und Folgeplan) orientiert sich an einem zweidimensionalen Raster, so daß für ein Objekt maximal vier Anknüpfungspunkte existieren, wodurch komplexe Prozeßverzweigungen nicht abbildbar sind. Der zweite Schwachpunkt liegt in der Pflege der Attributwerte im Stammdatenbereich. Ein Vererbungskonzept bzw. eine Kopierfunktion wäre hier sehr hilfreich.

AENEIS

Ein besonderes Kennzeichen von AENEIS ist die komfortable Versionskontrolle und das Festlegen von Wiederaufsetzungspunkten. Mit Hilfe dieser Funktion ist AENEIS sehr gut geeignet, um unterschiedliche Modellstadien festzulegen und zu dokumentieren, was für ein verteiltes Arbeiten sehr hilfreich ist. Die Berichtsfunktion, mit deren Hilfe umfassende Dokumente wie z.B. ein Organisations- oder Qualitätsmanagementhandbuch schnell und leicht erstellt werden können, ist ein zweites herausragendes Merkmal von AENEIS.

Im Sinne der Konsistenz eine sicherlich sehr hilfreiche Funktionalität ist die Bindung von Bearbeitern an Aufgaben. Speziell bei der Modellierung von Geschäftsprozessen auf abstrakter Ebene läßt sich aber in den seltensten Fällen ein einzelner Bearbeiter bestimmen. Durch die Erzeugung von Dummies kann dies zwar umgangen werden, das entspricht jedoch nicht dem Grundgedanken des Tools. Die Simulationskomponente von AENEIS ermöglicht nur die Simulation eines Geschäftsprozesses mit seiner Detailsicht, was zur Folge hat, daß der Geschäftsprozeß entweder sehr umfassend wird oder nur Teilausschnitte simuliert werden können.

ARIS

ARIS bietet eine Vielzahl von Modelltypen an, die der Daten-, Organisations-, Funktions-, und Steuerungssicht zugeordnet werden und in dieser Bandbreite bei keinem anderen Tool zu finden sind. Für die Dateneingabe und Pflege der Daten bietet ARIS die Möglichkeit, Werte zu kopieren oder zu vererben, was eine enorme Arbeitserleichterung bietet und in diesem Umfang ebenfalls in keinem anderen Tool möglich ist.

Aus der Sicht des Organisators unbefriedigend gelöst ist die Modellierung von Sachmitteln. Des weiteren sind die Gestaltungsmöglichkeit der Objekte schlecht gelöst. Weder die Objektgröße noch die Objektaufteilung kann frei geändert werden, was die Präsentationsqualität der Modelle deutlich einschränkt.

Bonapart

Bonapart verfügt über die am einfachsten und bezogen auf den Funktionalitätsumfang ausgereifteste Simulations- und Analysekomponente. Die Objekte können in Bonapart variabel gestaltet und der Inhalt, der in den Objekten angezeigt werden soll, frei bestimmt werden. Diese Änderungen können für einzelne selektierte oder alle Objekte durchgeführt werden. Zusätzlich können für ein Modell unterschiedliche Layoutdateien gespeichert werden, was ebenfalls als besondere Stärke anzusehen ist.

Fehlende Versionskontrollen und keine Multi-User-Fähigkeit sind ein eindeutiger Schwachpunkt von Bonapart, wodurch es sich nur bedingt für ein verteiltes Arbeiten eignet. Auch ist in Bonapart nicht die Möglichkeit gegeben, Prozesse unterschiedlich darstellen zu können.

GRADE-BM

Die Möglichkeit, mehrere Modelle gleichzeitig öffnen zu können und Teile eines Modells in andere zu kopieren oder zu verschieben, ist eine Funktionalität, die in diesem Umfang und in dieser Einfachheit nur in GRADE-BM möglich ist. Die Modellierung aus dem Strukturbaum heraus vorzunehmen ist vorteilhaft und wirkt sich zeitsparend auf die Modellierung aus.

Gewöhnungsbedürftig sind die vielen Abkürzungen die GRADE-BM verwendet. Erschwerend kam hier sicherlich hinzu, daß uns nur Versionen in englischer Sprache bereitgestellt wurden. Einen

Schwachpunkt bilden die Analysemöglichkeiten, die im Vergleich zu den anderen Tools deutlich verbesserungsbedürftig sind.

Nautilus

Die Möglichkeit, sich bei der Modellierung an einem umfangreichen Referenzmodell zu orientieren, ist sicherlich eine der herausragenden Eigenschaften von Nautilus. Die Kombination aus textueller und grafischer Darstellung und dem Wechsel zwischen den beiden Darstellungsarten ist in Nautilus ebenfalls sehr gut umgesetzt.

Analysemöglichkeiten und die Berechnung von Kennzahlen sind in Nautilus nur eingeschränkt vorhanden, woraus sich eindeutig ein Nachteil ergibt. Mit Hilfe des Grafikfensters können Organigramme erstellt werden, die jedoch nicht den Anforderungen einer modernen Organisationssoftware entsprechen.

Bach, V. et.al. (1995). Software-Tools für das Business Process Redesign. Baden-Baden.

Becker, J. & Vossen, G. (1996). Geschäftsprozeßmodellierung und Workflow-Management. Bonn.

Büchi, R. & Chrobok, R. (1994). GOM - Ganzheitliches Organisationsmodell. Baden-Baden.

Buresch, M., Kirmair, M. & Cerny, A. (1997). Auswahl von Organisations-Engineering-Tools. In: zfo, 6/97, S. 367-373.

Finkeißen, A., Forschner, M. & Häge, M. (1996). Werkzeuge zur Prozeßanalyse und -optimierung. In: CONTROLLING, 1/96, S. 58-67.

Keller, A. (1993). Der Entscheidungsprozeß bei der Beschaffung innovativer Software. Frankfurt a.M.

Kosiol, E. (1976). Organisation der Unternehmung, 2. Aufl. Wiesbaden.

Picot, A. & Franck, E. (1996). Prozeßorganisation, Eine Bewertung der neuen Ansätze aus Sicht der Organisationslehre. In: Nippa, M. & Picot, A. (Hrsg.), Prozeßmanagement und Reengineering. Frankfurt a.M.

Servatius, H.-G. (1994). Reengineering-Programme umsetzen. Von erstarrten Strukturen zu fließenden Prozessen. Stuttgart.

Schmidt, G. (1994). Methoden und Techniken der Organisation, 10. Aufl. Gießen.

Tiemeyer, E. & Chrobok, R. (1996). OrgTools: AfürO - Softwareführer für die Organisationsarbeit. Stuttgart.

Wittlage, H. (1993). Unternehmensorganisation, 5. Aufl. Berlin.

Wittlage, H. (1984). Fallstudien mit Lösungen zur Organisation. Berlin.

Tabellenverzeichnis

Abbildungsverzeichnis

Die klare und eindeutige Strukturierung der einzelnen Beiträge, deren Struktur durch den Kriterienkatalog mit Unterkriterien festgelegt ist, ermöglicht dem Leser eine leichte Navigation durch das Buch. Aussagekräftige und eindeutige Stichwörter, die sich nur auf bestimmte Bereiche des Buches beziehen, gibt es nicht bzw. sind toolspezifische Begriffe und bieten dem Suchenden keine Hilfestellung, so daß an dieser Stelle auf ein Stichwortverzeichnis verzichtet wurde. Anstelle dessen sollen die Marginalien dem Leser helfen, die für ihn relevanten Inhalte zu finden.

Geschäftsprozeßoptimierung
mit SAP®R/3

Modellierung, Steuerung und Management
betriebswirtschaftlich-integrierter Geschäftsprozesse

von Paul Wenzel

2., vollst. neubearb. Aufl. 1997.
XXII, 324 S. Geb. DM 198,-- ISBN 3-528-15508-6

Aus dem Inhalt: Landesspezifische Geschäftsprozesse in globalen Unternehmen - Geschäftsprozeßoptimierung bei Finanzdienstleistern - Migration - Produktionssteuerung - PPS-Entscheidungen - Integration heterogener Systeme in der Automobilbranche (FI und CO) - Integrierte Informationssysteme im Konsumgütervertrieb - Praktische Anwendung des SAP R/3-Konsolidierungsmoduls FI LC - SAP R/3 Retail - CATeam und Teambildung - SAP Ausbildung

DasBuch,jetzt in 2. Auflage aktuell für die Version 3.X und mit einem neuen Autorenteam unter der Leitung von Prof. Wenzel zusammengestellt, bietet praxisorientierte Fachaufsätze und Projektbeschreibungen als Ergebnisse konkreter Projekterfahrung mit SAP R/3.

Gezeigt werden Lösungen und Trends, wie sie für unterschiedliche Unternehmensbereiche und Branchen praktisch verwertbar sind. Die Beiträge stammen aus der Feder erfahrener Praktiker, Manager und Hochschullehrer, die durchweg über langjährige Expertise im Umgang mit betriebswirtschaftlicher Anwendungssoftware verfügen. Die Themen: Es geht um Fragen der R/3-Migration über die Verbesserung der Entscheidungsunterstützung, um Branchenlösungen für Automobilzulieferer oder im Konsumgütervertrieb, um die Anwendung des R/3-Konsolidierungsmoduls bis hin zum Thema Ausbildung mit SAP R/3.

Abraham-Lincoln-Str. 46
Postfach 1547
65005 Wiesbaden
Fax: (06 11) 78 78-4 00
http://www.vieweg.de

vieweg

Änderungen vorbehalten.Stand 16.02.98
Erhältlich im Buchhandel oder beim Verlag.

Steigerung der Performance von Informatikprozessen

Führungsgrößen, Leistungsmessung
und Effizienz im IT-Bereich

von Martin Brogli

1996. XII, 148 S. Geb. DM 98,--
ISBN 3-528-05541-3

Aus dem Inhalt: Konzepte und Methoden - Prozeßarchitektur - 8 Prozesse der IT-Technik: Applikationsentwicklung, Betrieb, Hard- und Software-Management, Ausbildung, Beratung, Technologie-Management, Skill-Management, Führung, Effektivität- und Effizienz-Erfolgsfaktoren - Inner- und zwischenbetriebliches Benchmarking - Führungsgrößen - Checklisten - Messung - Verbesserung - Musterdokumente - Führungsinstrumentestellen Technik/Mensch: Verständigungshilfen für Management, Betriebsräte, Mitarbeiter und Projektverantwortliche

Die Performancemessung und -steigerung einer DV-Abteilung ist ein Schlüsselbereich der zukünftigen Wertschöpfung einer Unternehmung. Das Buch betrachtet das Prozeßmanagement der IT-Praxis unter dem Gesichtspunkt der Kunden zufriedenheits- und Effizienzsteigerung.

DV-Leistungen und -Abläufe werden nach prozeßorientierten Grundsätzen organisiert und Wege der Optimierung aufgezeigt. Mit Beispielen versehene Führungsinstrumente werden beschrieben.

Das Werk ist das Ergebnis einer Kooperation zwischen der Schweizerischen Vereinigung für Datenverarbeitung (SVD) und dem Institut für Wirtschaftsinformatik an der Universität St. Gallen (IWI-HSG).

Abraham-Lincoln-Str. 46
Postfach 1547
65005 Wiesbaden
Fax: (06 11) 78 78-4 00
http://www.vieweg.de

vieweg

Änderungen vorbehalten.Stand 16.02.98
Erhältlich im Buchhandel oder beim Verlag.

Projektkompass SAP®

Arbeitsorientierte Planungshilfen für die
erfolgreiche Einführung von SAP®-Software

von Andreas Blume

1997. XII, 432 S. mit zahlreichen Abb.
(Business Computing) Geb. DM 148,--ISBN 3-528-05554-5

Aus dem Inhalt: Orientierungswissen bei der Einführung von SAP-
Software - Erfolgskriterien für den SAP-Einsatz im Unternehmen -
Ablauf- und Aufbauorganisation eines SAP-Projektes - Technische
Gestaltungsprozesse und organisatorische Rahmenbedingungen -
Das SAP-Vorgehensmodell: Status Quo, Erweiterungen, Modifikatio-
nen - Empfehlungen zur Projektbegleitung: Kleine Schritte, Stop and
Go - Die 5 Phasen des erfolgreichen Einführungsprojektes - Schnitt-
stellen Technik/Mensch: Verständigungshilfen für Management,
Betriebsräte, Mitarbeiter und Projektverantwortliche

Das neue Buch des AFOS-Autorenteams bietet
umfassendes Orientierungswissen für die Einführung
von SAP-Produkten in Unternehmen. Es richtet sich insbesondere an Projektverantwortliche, wie Projektleiter, Betriebsräte
und Geschäftsführer, die sowohl die technischen wie auch die firmen-
spezifischen Anforderungen hinsichtlich der konkreten Arbeitsprozesse
im Blick halten müssen.

Das Buch zeigt, in Ergänzung zum SAP-Vorgehensmodell, Erfolgskriterien
und Empfehlungen für die Projektsteuerung und Projektbegleitung auf, die
die Integration neuer Technologien in bestehende Arbeitsabläufe sicherstellen.

Dieses Buch dient, mit zahlreichen Tabellen und guter
Übersicht dazu, daß alle Beteiligten im Unternehmen sich über das
eigentliche Ziel von Optimierungsprozessen mit SAP-Produkten
verständigen können.

Abraham-Lincoln-Str. 46
Postfach 1547
65005 Wiesbaden
Fax: (06 11) 78 78-4 00
http://www.vieweg.de

Änderungen vorbehalten.Stand 16.02.98
Erhältlich im Buchhandel oder beim Verlag.